National Competency Standards **NCS**
http://www.ncs.go.kr
피 부 미 용 직 무 능 력 표 준 학 습 모 듈

기초 **피부미용분석** 실습서

김유정· 김나영 저

구민사
Technology Computer

머리말
PREFACE

최근 NCS기반으로 수업의 방향이 전반적으로 발맞춰 나감으로 가장 기초적인 피부미용분석의 기본이론과 현장실무에 있어 배워야 하는 얼굴관리 이해와 함께 NCS기반에 맞춘 직무를 수행하고자 하였다.

NCS기반 강의계획서에 따른 주차별 학습내용과 실습계획서, 교과목명세서, 평가 결과서에 이르기까지 체계적으로 정리해 놓았다.

이 책의 출판을 위해 적극적으로 후원해 주신 도서출판 구민사 조규백 대표님과 직원 여러분께 깊은 감사를 드린다.

저자 씀

차례
CONTENTS

기초 **피부미용분석** 실습서

피부미용 피부분석 및 위생 실습서 사용안내

이 실습서는 대분류 숙박, 여행, 오락 중분류 이·미용 / 소분류 이·미용 서비스 / 세 분류 피부미용의 직무로 피부미용 능력단위인 피부분석 및 위생관리의 작업을 수행함에 있어 필요한 지식과 기술, 태도에 대한 내용으로 작성되었다. 그리고 피부분석 및 위생관리의 능력단위와 능력단위 요소에 없는 내용도 산업체의 요구에 의해 포함되어 있다. 산업체 현장에서 피부미용사의 기본이 되는 피부미용 상태 분석, 피부상태 분석 평가하기, 피부관리 계획 작성하기로 구성되어 있으며 이전 과정을 수행하는 실습서로 내용이 구성되어 있다.

• 구 성

피부미용 피부분석 및 위생관리 실습서는 사용안내, NCS기반 강의계획서, 주차별 학습내용과 평가 계획서, 교과목 명세서 등의 운영지침과 직무능력 평가서, 평가 결과서 등의 평가 지침, 학습모듈, 실습서로 구성되어 있다. 사용안내는 전체적인 개요와 구성을 설명하고, 학습자에게 효과적인 활용방법 및 학습방법을 안내하는 역할을 한다. 그리고 강의계획서와 주차별 학습 계획서 등의 운영지침은 평가를 위한 지침서로 활용하고 자가진단평가서는 학습모듈을 학습하기 전에 피부분석 및 위생관리 능력에 대한 학습자의 현재 수준을 진단하고, 학습자에게 필요한 학습활동을 안내하는 역할을 한다. 실습서는 워크북 형태로 학기를 마감할 때 학습자의 수행과정을 한 눈에 알 수 있도록 구성되었다. 실습서는 3가지 모듈로 구성되어 있으며, 피부미용 상태 분석, 피부상태 분석 평가하기, 피부관리 계획 작성하기로 구성되어 있다. 이 모듈에서는 직무를 수행할 수 있는 워크북 형태로 구성되어 있고 각각의 학습모듈은 학습목표, 학습내용, 수행내용, 교수·학습방법, 학습정리, 수행평가, 피드백, 참고자료로 구성되어 있다. 학습목표에는 주차별 학습목표와 학습목표에 따른 체크리스트를 통하여 수행정도를 파악하고 달성 목표를 구체적으로 제시하였다. 학습활동은 교수·학습방법으로 구성되었으며, 교수·학습방법에는 주요하면서도 기본적인 내용이 제시되어 있다. 마지막으로 학습정리는 학습내용에 대한 중요사항을 정리하였으며, 수행평가에서는 각 학습모듈의 학습을 마친 후 학습자들의 성취수준을 평가하고, 평가결과에 따른 부족한 부분을 피드백 받을 수 있도록 하기 위한 체크리스트가 제시되어 있다.

교과목 명세서

<table>
<tr><td>교과목명</td><td>피부미용분석</td><td>능력단위명
(능력단위코드)</td><td>피부미용 피부분석
(1201010202)</td></tr>
<tr><td>직무명</td><td>02.피부미용</td><td>NCS학습모듈</td><td>피부미용 피부분석 및 위생</td></tr>
<tr><td>이수구분</td><td>전선</td><td>이수시간/학점</td><td>2/2</td></tr>
<tr><td>교과목
개 요</td><td colspan="3">• 피부미용사로서 고객의 미적요구를 충족하기 위한 미용서비스로 고객의 내적 외향적 특징을 파악하고 피부미용분석을 학습한다. 또한 피부분석에 대한 지식을 습득하고 실습한다.
• NCS 능력단위의 수행준거를 기반으로 고객피부 유형분석을 하고 피부분석지식과 기술을 배우고 테크닉을 숙련한다.</td></tr>
<tr><td>교육목표</td><td colspan="3">클렌징을 한 후 피부의 상태를 파악하고 평가하여 피부관리 계획을 수립하는 능력이다.</td></tr>
<tr><td>교육내용</td><td colspan="3">(1) 클렌징하기
(2) 피부상태 분석, 평가하기
(3) 피부관리계획 작성하기</td></tr>
<tr><td>교수·학습방법</td><td colspan="3"><table><tr><td>a</td><td>b</td><td>c</td><td>d</td><td>e</td><td>f</td><td>g</td><td>h</td></tr><tr><td>0</td><td>0</td><td></td><td></td><td></td><td></td><td></td><td></td></tr></table>a. 이론 강의, b. 실습, c. 발표, d. 토론, e. 팀프로젝트
f. 캡스톤디자인, g. 포트폴리오(학습자/교수자), h. 기타</td></tr>
<tr><td>평가방법</td><td colspan="3"><table><tr><td>a</td><td>b</td><td>c</td><td>d</td><td>e</td><td>f</td><td>g</td><td>h</td><td>i</td><td>j</td><td>k</td><td>l</td><td>m</td></tr><tr><td>0</td><td></td><td></td><td></td><td></td><td></td><td></td><td></td><td></td><td></td><td></td><td>0</td><td></td></tr></table>a. 포트폴리오 b. 문제해결시나리오 c. 서술형시험 d. 논술형시험 e. 사례연구 f. 평가자 질문 g. 평가자 체크리스트 h. 피평가자 체크리스트 I. 일지 / 저널 j. 역할연기 k. 구두발표 l. 작업장평가 m. 기타</td></tr>
</table>

장비 및 도구	• 미용기기 • 스파출라 • 컴퓨터 및 주변기기 • 문서작성도구
교육정보	• 피부미용학 관련 참고도서(피부미용 상태분석 실습서) • 인터넷을 통한 전문 채널 및 비디오, DVD 등의 시청각 자료

[20 학년도 학기]

NCS기반 강의계획서

직무	능력단위	능력단위코드
02. 피부미용	피부미용 피부분석	1201010202_14v2

교과목명	피부미용분석		이수구분	전선	담당교수	
대상학과	1	학년-학기 1-1	학점	2	시수(이론/실습)	3(1/2)

교과목 개 요	• 피부미용사로서 고객의 미적요구를 충족하기 위한 미용서비스로 고객의 내적 외향적 특징을 파악하고 피부미용분석을 학습한다. 또한 피부분석에 대한 지식을 습득하고 실습한다. • NCS 능력단위의 수행준거를 기반으로 고객피부유형분석을 하고 피부분석지식과 기술을 배우고 테크닉을 숙련한다.
교 육 목 표	클렌징을 한 후 피부의 상태를 파악하고 평가하여 피부관리계획을 수립하는 능력이다.

교수·학습 방법

a	b	c	d	e	f	g	h
0	0						

a. 이론강의 b. 실습 c. 발표 d. 토론 e. 팀프로젝트 f. 캡스톤디자인
g. 포트폴리오(학습자/교수자) h. 기타

기자재 및 매체	베드, 웨건, 의자, 자외선 소독기, 온장고, 확대경, 우드램프, 유·수분측정기, pH측정기	
교 재 (NCS 학습모듈)	주교재	피부미용분석 NCS 학습모듈
	부교재	피부미용학
	참고 교재	

평가방법

A	B	C	D	E	F	G	H	I	J	K	L	M
0											0	

A. 포트폴리오, B. 문제해결시나리오, C.서술형, D. 논술형시험,
E. 사례연구, F. 평가자 질문, G. 평가자, H. 피평가자 체크리스트,
I. 일지/저널, J. 역할연기, K. 구두발표, L.작업장 평가, M. 기타
※ 세부내용은 평가계획서에 기술됨.

성적분포	시험 난이도를 적정수준으로 조합하여 평가 (A : 30%, B : 30%, C, D : 40%)
기타사항	[장애학생 지원방법] [기타사항]

관련 능력단위요소	수행준거	지식·기술·태도
클렌징하기 (1201010202_14v2.01)	1.1. 피부유형별 상태에 따라 클렌징 방법과 제품을 선택할 수 있다. 1.2. 눈, 입술 순서로 포인트 메이크업을 클렌징 할 수 있다. 1.3. 피부유형에 맞는 제품과 테크닉으로 클렌징을 적용할 수 있다. 1.4. 온습포 또는 경우에 따라 냉습포로 닦아내고 토닉으로 정리할 수 있다.	[지식] • 기초화장품 종류 및 성분 • 위생과 소독에 관한 지식 • 피부미용관리에 관한 지식 • 피부유형에 관한 지식 [기술] • 색조화장 부위 특성에 맞는 테크닉 능력 • 습포사용 능력 • 위생관리 능력 • 클렌징 테크닉 능력 [태도] • 고객의 반응을 살피려는 의지 • 고객이 편안히 이완할 수 있도록 배려하려는 의지 • 위생적으로 고객을 배려하려는 의지
피부상태 분석평가하기 (1201010202_14v2.02)	2.1. 고객정보 결과에 따른 피부부위와 상태를 파악할 수 있다. 2.2. 피부 문진, 견진, 촉진을 통해 피부의 탄력감이나 매끄러운 정도, 조직의 두께, 유분함량, 수분보유량, 각질화 상태 등을 파악할 수 있다. 2.3. 이마와 목에 스파츌라로 그어서 민감성 여부를 파악할 수 있다. 2.4. 관련 피부미용기구를 사용하여 피부상태를 파악할 수 있다. 2.5. 파악 결과에 따라 평가하고 유형별로 구분할 수 있다.	[지식] • 상담에 관한 지식 • 인체해부생리에 관한 지식 • 피부미용기기사용 및 측정 • 피부에 관한 지식 • 피부평가방법 [기술] • 문진, 견진, 촉진을 통한 피부분석 능력 • 미용기기를 사용하여 피부상태 측정 및 판독 능력 [태도] • 고객에게 신뢰감을 주려는 의지 • 고객을 편안하게 배려하는 의지 • 고객이 심리적 부담을 갖지 않게 배려하는 의지

관련 능력단위요소	수행준거	지식·기술·태도
피부관리계획 작성하기 (1201010202_14v2.03)	3.1. 고객의 피부상태에 따라 유형별 피부관리계획을 작성할 수 있다. 3.2. 피부관리계획에 따라 적합한 피부관리 제품을 결정할 수 있다. 3.3. 고객의 상품선택을 위하여 피부관리 상품을 설명하고 추천할 수 있다.	[지식] • 식품영양 지식 • 피부관리에 관한 지식 • 화장품에 관한 지식 [기술] • 고객관리기획 능력 • 상담능력 [태도] • 고객과의 충분한 의사소통 의지 • 고객에게 신뢰감울 줄 수 있는 정직한 태도 • 고객에게 심리적으로 부담을 주지 않으려는 의지

주차별
학습 내용

(1)주차 학습내용	
수업내용	NCS기반 교과목에 대한 설명과 수업 진행방식 평가 방법에 대해 설명한다.
수업 방법/기자재 및 매체	컴퓨터, 빔프로젝트

(2)주차 학습내용	
관련 능력단위요소(코드)	수행준거
클렌징하기 (1201010202_01.14v2)	1.1. 피부유형별 상태에 따라 클렌징 방법과 제품을 선택할 수 있다.
	1.2. 눈, 입술 순서로 포인트 메이크업을 클렌징 할 수 있다.
수업내용	• 클렌징의 기본 이해와 클렌징 제품의 종류에 대해 이해한다. • 포인트 메이크업을 눈, 입술 순서대로 적절한 제품과 방법을 실시할 수 있다.
수업활동	진단평가, 강의(이론 및 실습)
수업 방법/기자재 및 매체	컴퓨터, 빔프로젝트, 베드, 웨건, 의자, 온장고

(3)주차 학습내용	
관련 능력단위요소(코드)	수행준거
클렌징하기 (1201010202_01.14v2)	1.3. 피부유형에 맞는 제품과 테크닉으로 클렌징을 적용할 수 있다.
	1.4. 온습포 또는 경우에 따라 냉습포로 닦아내고 토닉으로 정리할 수 있다.
수업내용	• 클렌징의 기본 이해와 클렌징 제품의 종류에 대해 이해한다. • 안면 클렌징을 적절한 제품을 선택하고 올바른 방법을 실시할 수 있다. • 온습포를 이용한 클렌징의 마무리를 할 수 있다.
수업활동	강의(이론 및 실습)
수업 방법/기자재 및 매체	컴퓨터, 빔프로젝트, 베드, 웨건, 의자, 온장고

(4)주차 학습내용	
관련 능력단위요소(코드)	수행준거
피부상태 분석평가하기 (1201010202_02.14v2)	2.1. 고객정보 결과에 따른 피부부위와 상태를 파악할 수 있다.
수업내용	• 피부의 구조에 대해 이해한다. • 피부분석을 위한 고객과의 상담기법을 이해하고 활용할 수 있다.
수업 방법/기자재 및 매체	컴퓨터, 빔프로젝트, 베드, 웨건, 의자, 온장고
(5)주차 학습내용	
관련 능력단위요소(코드)	수행준거
피부상태 분석평가하기 (1201010202_02.14v2)	2.2. 피부 문진, 견진, 촉진을 통해 피부의 탄력감이나 매끄러운 정도, 조직의 두께, 유분함량, 수분보유량, 각질화 상태 등을 파악할 수 있다.
수업내용	• 피부의 구조에 대해 이해한다. • 피부분석을 위한 고객과의 상담기법을 이해하고 활용할 수 있다.
수업활동	강의(이론 및 실습)
수업 방법/기자재 및 매체	컴퓨터, 빔프로젝트, 베드, 웨건, 의자, 온장고
(6)주차 학습내용	
관련 능력단위요소(코드)	수행준거
피부상태 분석평가하기 (1201010202_02.14v2)	2.3. 이마와 목에 스파츌라로 그어서 민감성 여부를 파악할 수 있다.
수업내용	• 피부의 구조에 대해 이해한다. • 피부를 분석하기위하여 특수 피부유형을 이해하고 파악할 수 있다.
수업활동	강의(이론 및 실습)
수업 방법/기자재 및 매체	컴퓨터, 빔프로젝트, 베드, 웨건, 의자, 온장고
(7)주차 학습내용	
관련 능력단위요소(코드)	수행준거
피부상태 분석평가하기 (1201010202_02.14v2)	2.4. 관련 피부미용기구를 사용하여 피부상태를 파악할 수 있다.
	2.5. 파악 결과에 따라 평가하고 유형별로 구분할 수 있다.

수업내용	• 피부의 구조에 대해 이해한다. • 피부를 분석하기 위하여 피부 미용기구를 활용할 수 있다. • 피부의 다양한 유형을 이해하고 분류할 수 있다.
수업활동	강의(이론 및 실습)
수업 방법/기자재 및 매체	컴퓨터, 빔프로젝트, 베드, 웨건, 의자, 온장고, 확대경, 우드램프, 유·수분 측정기, 피부 pH측정기
(8)주차 학습내용	
관련 능력단위요소(코드)	수행준거
수업내용	작업장 평가
수업 방법/기자재 및 매체	베드, 웨건, 의자, 온장고, 확대경, 우드램프, 유·수분 측정기, 피부 pH측정기
(9)주차 학습내용	
관련 능력단위요소(코드)	수행준거
피부관리계획 작성하기 (1201010202_03.14v2)	3.1. 고객의 피부상태에 따라 유형별 피부관리계획을 작성할 수 있다.
수업내용	• 직무능력평가 1에 대한 피드백 • 피부상태를 분석하고 분석한 결과에 대해 다양한 피부관리 계획을 작성할 수 있다. • 여러 유형의 피부 상태를 확인하고 다양한 피부관리 계획을 작성한다.
수업활동	피드백, 강의(이론 및 실습)
수업 방법/기자재 및 매체	베드, 웨건, 의자, 화장품, 온장고, 확대경, 우드램프
(10)주차 학습내용	
관련 능력단위요소(코드)	수행준거
피부관리계획 작성하기 (1201010202_03.14v2)	3.2. 피부관리계획에 따라 적합한 피부관리 제품을 결정할 수 있다.
수업내용	• 피부상태를 분석하고 분석한 결과에 대해 다양한 피부관리 계획을 작성할 수 있다. • 여러 유형의 피부 상태를 확인하고 다양한 피부관리계획을 작성한다. • 고객의 피부상태에 따른 화장품을 적절하게 적용하고 활용한다.

수업활동	강의(이론 및 실습)
수업 방법/기자재 및 매체	베드, 웨건, 의자, 화장품, 온장고, 상담테이블, 고객관리 차트
(11)주차 학습내용	
관련 능력단위요소(코드)	수행준거
피부관리계획 작성하기 (1201010202_03.14v2)	3.3. 고객의 상품선택을 위하여 피부관리 상품을 설명하고 추천할 수 있다.
수업내용	• 피부상태를 분석하고 분석한 결과에 대해 다양한 피부관리 계획을 작성할 수 있다. • 여러 유형의 피부 상태를 확인하고 다양한 피부관리계획을 작성한다. • 상담기법을 활용한다.
수업 방법/기자재 및 매체	베드, 웨건, 의자, 온장고, 상담테이블, 고객관리 차트, 화장품
(12)주차 학습내용	
수업내용	• 피부상태를 분석하고 분석한 결과에 대해 다양한 피부관리 계획을 작성할 수 있다. • 여러 유형의 피부 상태를 확인하고 다양한 피부관리계획을 작성한다. • 상담기법을 활용한다.
수업 방법/기자재 및 매체	베드, 웨건, 의자, 온장고, 상담테이블, 고객관리 차트, 화장품
(13)주차 학습내용	
관련 능력단위요소(코드)	수행준거
피부관리계획 작성하기 (1201010202_03.14v2)	3.1. 고객의 피부상태에 따라 유형별 피부관리계획을 작성할 수 있다.
	3.2. 피부관리계획에 따라 적합한 피부관리 제품을 결정할 수 있다.
	3.3. 고객의 상품선택을 위하여 피부관리 상품을 설명하고 추천할 수 있다.
수업내용	• 피부상태를 분석하고 분석한 결과에 대해 다양한 피부관리 계획을 작성할 수 있다. • 여러 유형의 피부 상태를 확인하고 다양한 피부관리계획을 작성한다.

수업내용	• 상담기법을 활용한다. • 다양한 피부관리계획에 따라 고객에게 적절한 제품을 선택하여 활용방안을 설명할 수 있다.
수업 방법/기자재 및 매체	베드, 웨건, 의자, 온장고, 상담테이블, 고객관리 차트, 화장품
(14)주차 학습내용	
관련 능력단위요소(코드)	수행준거
피부관리계획 작성하기 (1201010202_03.14v2)	3.1. 고객의 피부상태에 따라 유형별 피부관리계획을 작성할 수 있다.
	3.2. 피부관리계획에 따라 적합한 피부관리 제품을 결정할 수 있다.
	3.3. 고객의 상품선택을 위하여 피부관리 상품을 설명하고 추천할 수 있다.
수업내용	• 피부상태를 분석하고 분석한 결과에 대해 다양한 피부관리 계획을 작성할 수 있다. • 여러 유형의 피부 상태를 확인하고 다양한 피부관리계획을 작성한다. • 상담기법을 활용한다. • 다양한 피부관리계획에 따라 고객에게 적절한 제품을 선택하여 활용방안을 설명할 수 있다.
수업 방법/기자재 및 매체	베드, 웨건, 의자, 온장고, 상담테이블, 고객관리 차트, 화장품
(15)주차 학습내용	
수업내용	• 포트폴리오 • 다양한 유형의 피부를 분석하고 피부관리 계획을 작성한 것을 포트폴리오로 제출하여 평가한다. • 보강
(16)주차 학습내용	
수업내용	• 성취수준 60점 이하의 학생을 상대로 향상 수업을 진행한다.

※ **비정규과정** : 심화 평가/향상 평가(재평가) 및 외부산업체 인사(현장전문가)특강

실험 · 실습

계획서

담당교수 : (인)

교 과 목 명	피부미용분석	이 수 구 분	전선	학 점	3
대 상 학 과	피부미용전공	대 상 학 년	1	시 수 (이론/실습시간)	3 (1 / 2)

주	실험 · 실습 내용	사용기자재 및 물품	소모품 및 수량
1	• 오리엔테이션 • NCS 기반 교과목에 대한 설명과 수업진행방식 평가방법에 대해 설명	컴퓨터, 빔프로젝트	
2	• 클렌징의 기본 이해와 클렌징 제품의 종류에 대해 이해한다. • 포인트 메이크업을 눈, 입술 순서대로 적절한 제품과 방법을 실시할 수 있다.	컴퓨터, 빔프로젝트, 베드, 웨건, 의자, 온장고	아이메이크업리무버, 클렌징로션, 토너, 로션, 세럼, 크림, 자외선차단제, 화장솜, 면봉
3	• 클렌징의 기본 이해와 클렌징 제품의 종류에 대해 이해한다. • 안면 클렌징을 적절한 제품을 선택하고 올바른 방법을 실시할 수 있다. • 온습포를 이용한 클렌징의 마무리를 할 수 있다.	컴퓨터, 빔프로젝트, 베드, 웨건, 의자, 온장고	아이메이크업리무버, 클렌징로션, 토너, 로션, 세럼, 크림, 자외선차단제, 화장솜, 면봉
4	• 피부의 구조에 대해 이해한다. • 피부분석을 위한 고객과의 상담기법을 이해하고 활용할 수 있다.	컴퓨터, 빔프로젝트, 베드, 웨건, 의자, 온장고	아이메이크업리무버, 클렌징로션, 토너, 로션, 세럼, 크림, 자외선차단제, 화장솜, 면봉

주	실험·실습 내용	사용기자재 및 물품	소모품 및 수량
5	• 피부의 구조에 대해 이해한다. • 피부분석을 위한 고객과의 상담기법을 이해하고 활용할 수 있다.	컴퓨터, 빔프로젝트, 베드, 웨건, 의자, 온장고	아이메이크업리무버, 클렌징로션, 토너, 로션, 세럼, 크림, 자외선차단제, 화장솜, 면봉
6	• 피부의 구조에 대해 이해한다. • 피부를 분석하기 위하여 특수 피부유형을 이해하고 파악할 수 있다.	컴퓨터, 빔프로젝트, 베드, 웨건, 의자, 온장고	아이메이크업리무버, 클렌징로션, 토너, 로션, 세럼, 크림, 자외선차단제, 화장솜, 면봉
7	• 피부의 구조에 대해 이해한다. • 피부를 분석하기 위하여 피부 미용기구를 활용 할 수 있다. • 피부의 다양한 유형을 이해하고 분류할 수 있다.	컴퓨터, 빔프로젝트, 베드, 웨건, 의자, 온장고, 확대경, 우드램프, 유·수분 측정기, 피부 pH측정기	아이메이크업리무버, 클렌징로션, 토너, 로션, 세럼, 크림, 자외선차단제, 화장솜, 면봉
8	• 작업장 평가	베드, 웨건, 의자, 온장고, 확대경, 우드램프, 유·수분 측정기, 피부 pH측정기	아이메이크업리무버, 클렌징로션, 토너, 로션, 세럼, 크림, 자외선차단제, 화장솜, 면봉
9	• 직무능력평가 1에 대한 피드백 • 피부상태를 분석하고 분석한 결과에 대해 다양한 피부관리 계획을 작성할 수 있다. • 여러 유형의 피부 상태를 확인하고 다양한 피부관리계획을 작성한다.	컴퓨터, 빔프로젝트, 베드, 웨건, 의자, 온장고, 확대경, 우드램프, 유·수분 측정기, 피부 pH측정기	아이메이크업리무버, 클렌징로션, 토너, 로션, 세럼, 크림, 자외선차단제, 화장솜, 면봉
10	• 여러 유형의 피부 상태를 확인하고 다양한 피부관리계획을 작성한다. • 고객의 피부상태에 따른 화장품을 적절하게 적용하고 활용한다.	베드, 웨건, 의자, 화장품, 온장고, 상담테이블, 고객관리 차트	아이메이크업리무버, 클렌징로션, 토너, 로션, 세럼, 크림, 자외선차단제, 화장솜, 면봉

주	실험·실습 내용	사용기자재 및 물품	소모품 및 수량
11	• 여러 유형의 피부 상태를 확인하고 다양한 피부관리계획을 작성한다. • 상담기법을 활용한다.	베드, 웨건, 의자, 화장품, 온장고, 상담테이블, 고객관리 차트	아이메이크업리무버, 클렌징로션, 토너, 로션, 세럼, 크림, 자외선차단제, 화장솜, 면봉
12	• 작업장 평가	베드, 웨건, 의자, 온장고, 상담테이블, 고객관리 차트	아이메이크업리무버, 클렌징로션, 토너, 로션, 세럼, 크림, 자외선차단제, 화장솜, 면봉
13	• 상담기법을 활용한다. • 다양한 피부관리계획에 따라 고객에게 적절한 제품을 선택하여 활용 방안을 설명할 수 있다.	베드, 웨건, 의자, 온장고, 상담테이블, 고객관리 차트	아이메이크업리무버, 클렌징로션, 토너, 로션, 세럼, 크림, 자외선차단제, 화장솜, 면봉
14	• 상담기법을 활용한다. • 다양한 피부관리계획에 따라 고객에게 적절한 제품을 선택하여 활용 방안을 설명할 수 있다.	베드, 웨건, 의자, 온장고, 상담테이블, 고객관리 차트	아이메이크업리무버, 클렌징로션, 토너, 로션, 세럼, 크림, 자외선차단제, 화장솜, 면봉
15	• 포트폴리오 • 다양한 유형의 피부를 분석하고 피부관리 계획을 작성한 것을 포트폴리오로 제출하여 평가한다.	베드, 웨건, 의자, 온장고, 상담테이블, 고객관리 차트	아이메이크업리무버, 클렌징로션, 토너, 로션, 세럼, 크림, 자외선차단제, 화장솜, 면봉
16	• 성취수준 60점 이하의 학생을 상대로 향상 수업을 진행한다.	베드, 웨건, 의자, 온장고, 상담테이블, 고객관리 차트	아이메이크업리무버, 클렌징로션, 토너, 로션, 세럼, 크림, 자외선차단제, 화장솜, 면봉

진단 평가서
(1차)

담당교수		교과목명	피부미용분석
학 번		능력단위명 (능력단위코드)	피부미용 피부분석 (1201010202)
이 름			
평가일자			

영역(능력단위요소)/ 작업(Task)	진단문항	자가진단		
		높음	보통	낮음
클렌징하기 (1201010202_01)	1.1 피부유형별 상태에 따라 클렌징 방법과 제품을 선택할 수 있다.			
	1.2 눈, 입술 순서로 포인트 메이크업을 클렌징 할 수 있다.			
	1.3 피부유형에 맞는 제품과 테크닉으로 클렌징을 적용할 수 있다.			
	1.4 온습포 또는 경우에 따라 냉습포로 닦아내고 토닉으로 정리할 수 있다.			
피부상태 분석평가하기 (1201010202_02)	2.1 고객정보 결과에 따른 피부부위와 상태를 파악할 수 있다.			
	2.2. 피부 문진, 견진, 촉진을 통해 피부의 탄력감이나 매끄러운 정도, 조직의 두께, 유분함량, 수분보유량, 각질화 상태 등을 파악할 수 있다.			
	2.3. 이마와 목에 스파츌라로 그어서 민감성 여부를 파악할 수 있다.			
	2.4. 관련 피부미용기구를 사용하여 피부상태를 파악할 수 있다.			
	2.5. 파악 결과에 따라 평가하고 유형별로 구분할 수 있다.			

영역(능력단위요소)/ 작업(Task)	진단문항	자가진단		
		높음	보통	낮음
피부관리계획 작성하기 (1201010202_03)	3.1. 고객의 피부상태에 따라 유형별 피부 관리계획을 작성할 수 있다.			
	3.2. 피부관리계획에 따라 적합한 피부관리 제품을 결정할 수 있다.			
	3.3. 고객의 상품선택을 위하여 피부관리 상품을 설명하고 추천할 수 있다.			

[진단결과]

능력단위요소	문항 수	합계점수	평균점수
클렌징하기 (1201010202_01)	4		
피부상태 분석평가하기 (1201010202_02)	4		
피부관리계획 작성하기 (1201010202_03)	3		
총 합계	12		

진단 평가서
(2차)

담당교수		교과목명	피부미용분석
학 번		능력단위명 (능력단위코드)	피부미용 피부분석 (1201010202)
이 름			
평가일자			

영역(능력단위요소)/ 작업(Task)	진단문항	자가진단		
		높음	보통	낮음
클렌징하기 (1201010202_01)	1.1 피부유형별 상태에 따라 클렌징 방법과 제품을 선택할 수 있다.			
	1.2 눈, 입술 순서로 포인트 메이크업을 클렌징 할 수 있다.			
	1.3 피부유형에 맞는 제품과 테크닉으로 클렌징을 적용할 수 있다.			
	1.4 온습포 또는 경우에 따라 냉습포로 닦아내고 토닉으로 정리할 수 있다.			
피부상태 분석평가하기 (1201010202_02)	2.1 고객정보 결과에 따른 피부부위와 상태를 파악할 수 있다.			
	2.2. 피부 문진, 견진, 촉진을 통해 피부의 탄력감이나 매끄러운 정도, 조직의 두께, 유분함량, 수분보유량, 각질화 상태 등을 파악할 수 있다.			
	2.3. 이마와 목에 스파출라로 그어서 민감성 여부를 파악할 수 있다.			
	2.4. 관련 피부미용기구를 사용하여 피부상태를 파악할 수 있다.			
	2.5. 파악 결과에 따라 평가하고 유형별로 구분할 수 있다.			

영역(능력단위요소)/ 작업(Task)	진단문항	자가진단		
		높음	보통	낮음
피부관리계획 작성하기 (1201010202_03)	3.1. 고객의 피부상태에 따라 유형별 피부 관리계획을 작성할 수 있다.			
	3.2. 피부관리계획에 따라 적합한 피부관리 제품을 결정할 수 있다.			
	3.3. 고객의 상품선택을 위하여 피부관리 상품을 설명하고 추천할 수 있다.			

[진단결과]

능력단위요소	문항 수	합계점수	평균점수
클렌징하기 (1201010202_01)	4		
피부상태 분석평가하기 (1201010202_02)	4		
피부관리계획 작성하기 (1201010202_03)	3		
총 합계	12		

[20 학년도 학기]

평가 계획서

<table>
<tr><td>교과목명</td><td>피부미용분석</td><td>담당교수</td><td colspan="2"></td></tr>
<tr><td>관련직무명</td><td>02. 피부미용</td><td>능력단위명
(능력단위코드)</td><td colspan="2">피부미용 피부분석
(1201010202_14v2)</td></tr>
<tr><td rowspan="6">평가개요</td><td>구 분</td><td>배 점</td><td colspan="2">평가개요</td></tr>
<tr><td>진단평가 1</td><td>–</td><td colspan="2">수업 전 피부미용분석이라는 능력단위의 수행준거에 대해 이해정도를 파악한다.</td></tr>
<tr><td>직무수행능력평가 1</td><td>30%</td><td colspan="2">피부미용 피부분석의 능력단위를 성취하기 위해여 클렌징하기 및 피부상태 분석평가하기의 능력단위요소를 작업장평가를 통하여 평가한다.</td></tr>
<tr><td>직무수행능력평가 2</td><td>30%</td><td colspan="2">피부미용 피부분석의 능력단위를 성취하기 위해여 피부관리계획 작성하기의 능력단위요소를 작업장 평가를 통하여 평가한다.</td></tr>
<tr><td>직무수행능력평가 3</td><td>20%</td><td colspan="2">피부미용 피부분석에 대해 학습한 내용과 실습을 통해 습득한 자료를 포트폴리오하여 평가한다.</td></tr>
<tr><td>출석평가</td><td>20%</td><td colspan="2">수업시작과 함께 출석을 확인하여 평가한다.</td></tr>
<tr><td>평가항목</td><td colspan="4">평가내용 및 방법</td></tr>
<tr><td>진단평가 1</td><td colspan="4">• 평가내용 : 수업전 사전 평가로 자가진단 체크리스트
• 평가시기 : 2주차</td></tr>
</table>

<table>
<tr><th>평가항목</th><th>평가내용 및 방법</th></tr>
<tr><td>진단평가 1</td><td>

• 영역별 평가내용

<table>
<tr><th rowspan="2">영역
(능력단위
요소)</th><th rowspan="2">진단문항</th><th colspan="3">자가진단</th></tr>
<tr><th>높음</th><th>보통</th><th>낮음</th></tr>
<tr><td rowspan="4">클렌징
하기</td><td>1.1. 피부유형별 상태에 따라 클렌징 방법과 제품을 선택할 수 있다.</td><td></td><td></td><td></td></tr>
<tr><td>1.2. 눈, 입술 순서로 포인트 메이크업을 클렌징 할 수 있다.</td><td></td><td></td><td></td></tr>
<tr><td>1.3. 피부유형에 맞는 제품과 테크닉으로 클렌징을 적용할 수 있다.</td><td></td><td></td><td></td></tr>
<tr><td>1.4. 온습포 또는 경우에 따라 냉습포로 닦아내고 토닉으로 정리할 수 있다.</td><td></td><td></td><td></td></tr>
<tr><td rowspan="5">피부상태
분석
평가하기</td><td>2.1. 고객정보 결과에 따른 피부부위와 상태를 파악할 수 있다.</td><td></td><td></td><td></td></tr>
<tr><td>2.2. 피부 문진, 견진, 촉진을 통해 피부의 탄력감이나 매끄러운 정도, 조직의 두께, 유분함량, 수분보유량, 각질화 상태 등을 파악할 수 있다.</td><td></td><td></td><td></td></tr>
<tr><td>2.3. 이마와 목에 스파츌라로 그어서 민감성 여부를 파악할 수 있다.</td><td></td><td></td><td></td></tr>
<tr><td>2.4. 관련 피부미용기구를 사용하여 피부상태를 파악할 수 있다.</td><td></td><td></td><td></td></tr>
<tr><td>2.5. 파악 결과에 따라 평가하고 유형별로 구분할 수 있다.</td><td></td><td></td><td></td></tr>
<tr><td rowspan="3">피부관리
계획
작성하기</td><td>3.1. 고객의 피부상태에 따라 유형별 피부관리계획을 작성할 수 있다.</td><td></td><td></td><td></td></tr>
<tr><td>3.2. 피부관리계획에 따라 적합한 피부관리 제품을 결정할 수 있다.</td><td></td><td></td><td></td></tr>
<tr><td>3.3. 고객의 상품선택을 위하여 피부관리 상품을 설명하고 추천할 수 있다.</td><td></td><td></td><td></td></tr>
</table>

• **평가내용** : 자가진단 체크리스트
• **평가시 고려사항** : 진단평가 결과는 성적에 포함되는 것이 아니므로 솔직하게 응답하도록 한다.
• **평가 결과 활용 계획** : 평가결과에 따라 교수 · 학습계획을 수정 · 보완한다.(사전)

</td></tr>
<tr><td>출석평가</td><td>4회 이상 결석시 수업의 참여도가 낮아 60점 이상의 성취수준에 도달할 수 없다.
3회 지각시 1회 결석으로 간주한다.</td></tr>
</table>

<table>
<tr><th>평가항목</th><th>평가내용 및 방법</th></tr>
<tr><td>직무능력평가
1</td><td>

• **평가내용** : 클렌징하기와 피부상태 분석평가하기 능력에 대해 평가한다.
• **평가시기** : 8주차
• **영역별 평가내용**

<table>
<tr><th colspan="3">능력단위요소 및 수행준거</th></tr>
<tr><td colspan="2">클렌징하기</td><td>14</td></tr>
<tr><td rowspan="4">수행준거</td><td>1.1. 피부유형별 상태에 따라 클렌징 방법과 제품을 선택할 수 있다.</td><td></td></tr>
<tr><td>1.2. 눈, 입술 순서로 포인트 메이크업을 클렌징 할 수 있다.</td><td></td></tr>
<tr><td>1.3. 피부유형에 맞는 제품과 테크닉으로 클렌징을 적용할 수 있다.</td><td></td></tr>
<tr><td>1.4. 온습포 또는 경우에 따라 냉습포로 닦아내고 토닉으로 정리할 수 있다.</td><td></td></tr>
<tr><td colspan="2">피부상태 분석평가하기</td><td>16</td></tr>
<tr><td rowspan="5">수행준거</td><td>2.1. 고객정보 결과에 따른 피부부위와 상태를 파악할 수 있다.</td><td></td></tr>
<tr><td>2.2. 피부 문진, 견진, 촉진을 통해 피부의 탄력감이나 매끄러운 정도, 조직의 두께, 유분함량, 수분보유량, 각질화 상태 등을 파악할 수 있다.</td><td></td></tr>
<tr><td>2.3. 이마와 목에 스파츌라로 그어서 민감성 여부를 파악할 수 있다.</td><td></td></tr>
<tr><td>2.4. 관련 피부미용기구를 사용하여 피부상태를 파악할 수 있다.</td><td></td></tr>
<tr><td>2.5. 파악 결과에 따라 평가하고 유형별로 구분할 수 있다.</td><td></td></tr>
<tr><td colspan="2">계</td><td>30</td></tr>
</table>

<table>
<tr><th>지식/기술/태도(K/S/A/T)</th><th>배점</th></tr>
</table>

• **평가방법** : 작업장 평가
• **평가시 고려사항** : 각각의 수행준거를 지식, 기술, 태도를 고려하여 적절한 방법을 통해 수행하는지 평가한다.

</td></tr>
</table>

<table>
<tr><th>평가항목</th><th>평가내용 및 방법</th></tr>
<tr><td>직무능력평가
2</td><td>

• **평가내용** : 피부관리계획 작성하기 능력에 대해 평가한다.
• **평가시기** : 12주차
• **영역별 평가내용**

<table>
<tr><th colspan="2">능력단위요소 및 수행준거</th><th></th></tr>
<tr><td colspan="2">피부관리계획 작성하기</td><td>30</td></tr>
<tr><td rowspan="3">수행준거</td><td>3.1. 고객의 피부상태에 따라 유형별 피부관리계획을 작성할 수 있다.</td><td></td></tr>
<tr><td>3.2. 피부관리계획에 따라 적합한 피부관리 제품을 결정할 수 있다.</td><td></td></tr>
<tr><td>3.3. 고객의 상품선택을 위하여 피부관리 상품을 설명하고 추천할 수 있다.</td><td></td></tr>
<tr><td colspan="2">계</td><td>30</td></tr>
</table>

<table>
<tr><th>지식/기술/태도(K/S/A/T)</th><th>배점</th></tr>
</table>

• **평가방법** : 작업장 평가
• **평가시 고려사항** : 각각의 수행준거를 지식, 기술, 태도를 고려하여 적절한 방법을 통해 수행하는지 평가한다.

</td></tr>
<tr><td>직무능력평가
3</td><td>

• **평가내용** : 클렌징하기, 피부상태 분석평가하기, 피부관리계획 작성하기 능력을 포트폴리오로 평가한다.
• **평가시기** : 15주차
• **영역별 평가내용**

<table>
<tr><th colspan="2">능력단위요소 및 수행준거</th><th></th></tr>
<tr><td colspan="2">클렌징하기</td><td>4</td></tr>
<tr><td rowspan="4">수행준거</td><td>1.1. 피부유형별 상태에 따라 클렌징 방법과 제품을 선택할 수 있다.</td><td></td></tr>
<tr><td>1.2. 눈, 입술 순서로 포인트 메이크업을 클렌징 할 수 있다.</td><td></td></tr>
<tr><td>1.3. 피부유형에 맞는 제품과 테크닉으로 클렌징을 적용할 수 있다.</td><td></td></tr>
<tr><td>1.4. 온습포 또는 경우에 따라 냉습포로 닦아내고 토닉으로 정리할 수 있다.</td><td></td></tr>
</table>

</td></tr>
</table>

<table>
<tr><th>평가항목</th><th>평가내용 및 방법</th></tr>
<tr><td>직무능력평가
3</td><td>

능력단위요소 및 수행준거		
피부상태 분석평가하기		10
수행준거	2.1. 고객정보 결과에 따른 피부부위와 상태를 파악할 수 있다.	
	2.2. 피부 문진, 견진, 촉진을 통해 피부의 탄력감이나 매끄러운 정도, 조직의 두께, 유분함량, 수분보유량, 각질화 상태 등을 파악할 수 있다.	
	2.3. 이마와 목에 스파츌라로 그어서 민감성 여부를 파악할 수 있다.	
	2.4. 관련 피부미용기구를 사용하여 피부상태를 파악할 수 있다.	
	2.5. 파악 결과에 따라 평가하고 유형별로 구분할 수 있다.	
피부관리계획 작성하기		6
수행준거	3.1. 고객의 피부상태에 따라 유형별 피부관리계획을 작성할 수 있다.	
	3.2. 피부관리계획에 따라 적합한 피부관리 제품을 결정할 수 있다.	
	3.3. 고객의 상품선택을 위하여 피부관리 상품을 설명하고 추천할 수 있다.	
계		20

지식/기술/태도(K/S/A/T)	배점

• **평가방법** : 포트폴리오
• **평가시 고려사항** : 각각의 수행준거를 지식, 기술, 태도를 고려하여 적절한 방법을 통해 수행하는지 평가한다.
</td></tr>
<tr><td>향상/심화계획</td><td>성취수준 60점 이하의 학생을 대상으로 실습으로 향상심화수업을 진행하며 향상심화수업에 대한 재평가는 레포트를 제출하여 최대 5점의 점수를 추가 부여한다.</td></tr>
</table>

기초 **피부미용분석** 실습서

CHAPTER

01 클렌징하기

① 클렌징 정의

클렌징은 피부관리 시 제일 먼저 시행되는 과정으로 아름답고 건강한 피부를 위해 가장 중요한 첫 번째 과정이라 할 수 있다.

피부는 피부 내부에서 분비되는 피지, 땀, 각질 그리고 외부로부터의 먼지, 환경오염, 메이크업 등에 의해 모공이 막히게 된다. 이러한 피부의 불결화는 모공을 막아 피부 트러블과 여드름의 요인이 될 뿐만 아니라 신진대사를 방해하고 피부기능을 저하시켜 피부 노화를 촉진시키는 원인으로 작용한다. 따라서 피부유형, 알레르기 유무, 고객의 연령, 피부상태를 고려하여 제품을 선택하여 피부에 자극을 주지않고 효과적으로 클렌징은 시행한다. 이러한 올바른 클렌징 방법은 피부조직과 혈액순환이 자극이 되어 피부색을 좋게 하고 세포재생을 돕는데 효과적이다.

② 클렌징 제품 종류

제형	종류	특징
씻어내는 타입 (계면활성제형)	클렌징폼	비누와 같이 거품이 나지만 약산성 상태로 비누와는 달리 자극이 없으며 건조함을 방지한다.
	페이셜 스크럽	미세한 알갱이가 연마제 역할을 하여 모공 속 깊숙이 있는 더러움과 오래된 각질을 제거해 준다.
닦아내는 타입 (용제형)	클렌징크림	친유성 크림 상태(W/O) 제품으로 두꺼운 메이크업을 했을 때 주로 사용한다. 피부에 잔여물이 남아 있을시 모공을 막아 피부트러블을 유발하므로 사용 후 클렌징 폼을 사용하여 이중세안을 하도록 한다.
	클렌징 로션	친수성 에멀젼(O/W) 상태의 제품으로 느낌이 가볍고 산뜻하며 물에 잘 용해되어 이중세안을 하지 않아도 피부에 부담이 없다.
	클렌징 워터	화장수 타입으로 화장수에 계면활성제와 에탄올을 소량 배합하여 세정용으로 만든 제품이다. 세정력이 약해 가벼운 화장에 용이하다.
	클렌징 젤	오일성분이 함유되지 않은 세안제로 예민한 피부 알레르기성 피부, 지성·여드름 피부에 자극 없이 사용된다.
	클렌징 오일	물과 친화력이 있는 수용성 오일 성분을 배합시킨 제품으로 자극없이 사용되어 건조하고 예민한 피부, 민감성 피부, 노화피부 등 광범위하게 사용된다.

③ 클렌징 순서와 동작

1) 포인트 메이크업 클렌징(Point make up cleansing)

얼굴 전체를 클렌징하기 전에 눈화장과 입술화장을 제거하게 되는데 이것을 포인트 메이크업 클렌징 지우기라 한다. 눈과 입술 부위는 다른 피부에 비해 민감하여 특별히 포인트 메이크업 클렌징 전용제품을 사용해야 한다. 일반적으로 아이메이크업 리무버라 하는데 유성과 수성의 두 가지 타입이 있다. 수성타입은 모든 제품에 적적이 사용되어 지며 유성타입은 수성에 비해 색조화장이 잘 제거 되어 일반적으로 워터프루프(waterproof) 제품에 사용되어 지고 있다.

01 전용 리무버 묻힌 솜을 눈 위, 입술에 올려놓는다.

- 리무버 양을 적당히 사용한다.
- 마스카라와 립스틱, 얼굴의 색조화장을 충분히 녹일 수 있도록 밀착해서 올려 놓은 후 화장 정도에 따라 닦아낸다.(눈 : 안쪽-바깥, 입술 : 안쪽-바깥)
- 뺨 및 얼굴 전체를 리무버 묻힌 솜으로 피부결 방향으로 닦아준다.

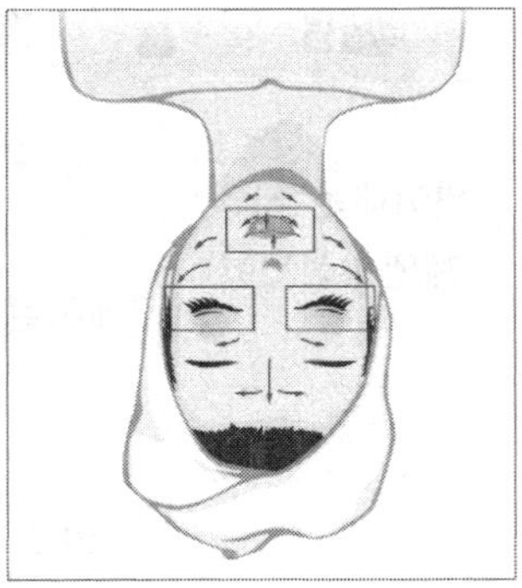

02 아이섀도 지운 후 아이라이너, 마스카라를 면봉을 사용하여 자극없이 깨끗이 제거한다. (면봉을 가급적 눕혀서 사용한다)

- 눈썹화장 정도에 따라 눈썹도 닦아낸다. (눈썹 : 머리-꼬리, 속눈썹 : 뿌리-바깥)
- 솜과 면봉을 화장 정도에 따라 교체하며 사용한다. 반대쪽 중지로 눈꺼풀을 위로 살짝 올려 닦아낸다.
- 언더 아이라인까지 세심하게 닦아준다. (솜으로 대체 가능하다)

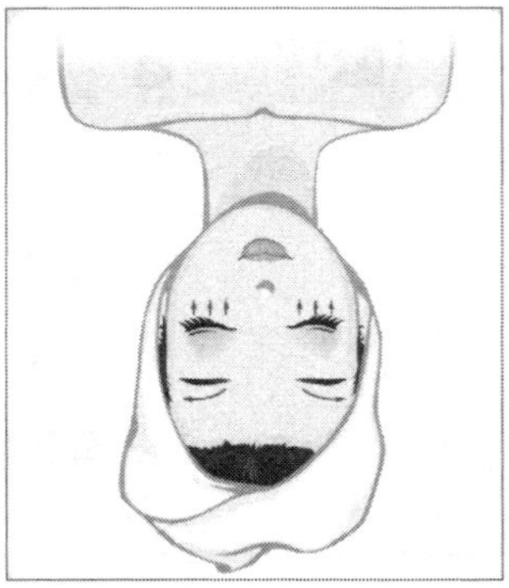

03 입술 메이크업 지우기

- 중지를 이용하여 가로로 닦아낸 후 윗입술, 아랫입술을 차례로 닦아낸다.
- 화장 솜을 입술크기에 따라 2~4등분하여 모서리 부분으로 주름을 따라 세로로 세심하게 정리해 준다.

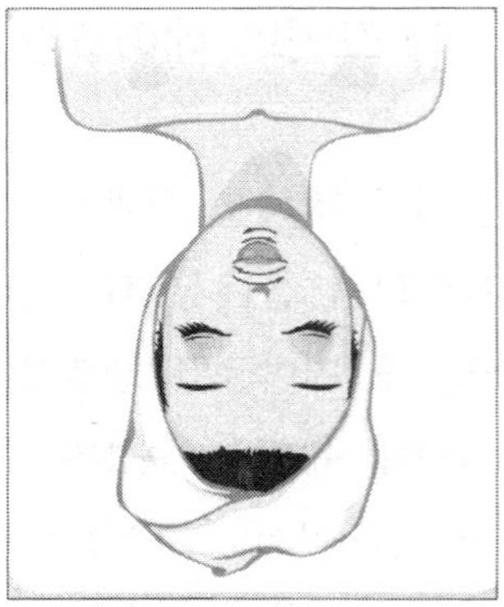

2) 데콜테, 목, 얼굴 클렌징

01 도포하기 : (U존 - T존) / (목 - 가슴)

- 양쪽 빰(아래 - 위) - 이마, 코, 콧등, 코벽, 코 아래 눈밑 or 턱, 코 아래, 코, 콧등, 코벽, 이마, 눈밑 순으로 도포한다.
- 양손을 빰에 밀착한 후 부드럽게 도포 시작한다.
- 이마 도포한 후 양손으로 관자놀이 부근에 정지. 코로 연결, 콧등, 코벽(눈 아래는 엄지로 부드럽게 도포) 차례대로 도포한다. 코 아래, 턱도 엄지로 부드럽게 도포한다.

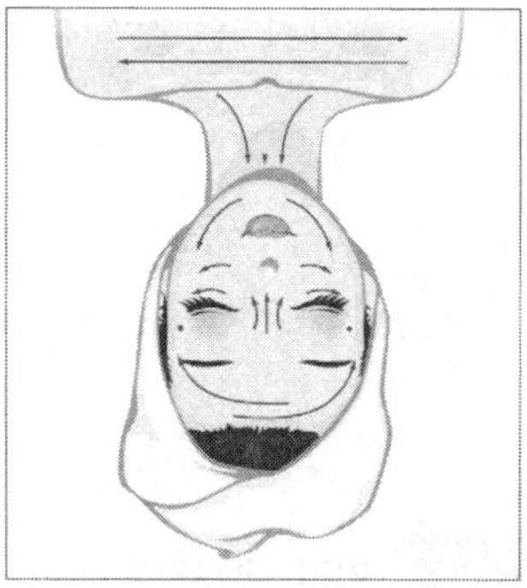

02 데콜테 쓸어주기(4회 정도 반복)

- 양손을 교대로 오른손부터 쓸어준다.
- 손바닥을 밀착하여 쓸어주며 반대쪽 손은 견봉에 고정한다.

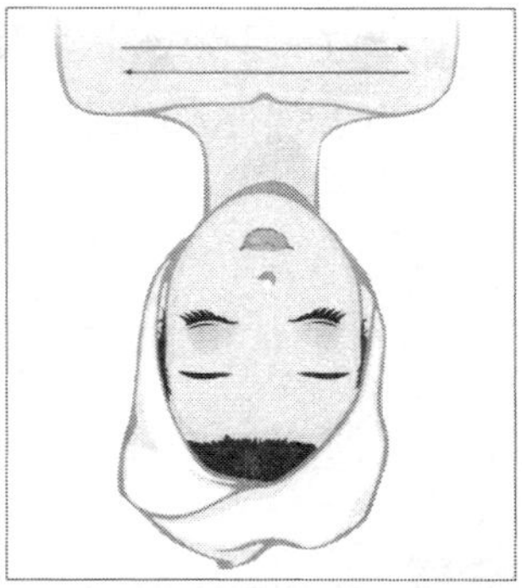

03 목 쓸어 올려주기(왼-오 : 10회, 오-왼 : 10회)

- 왼쪽에서 오른쪽으로 아래에서 위로 양손으로 쓸어 올린다.

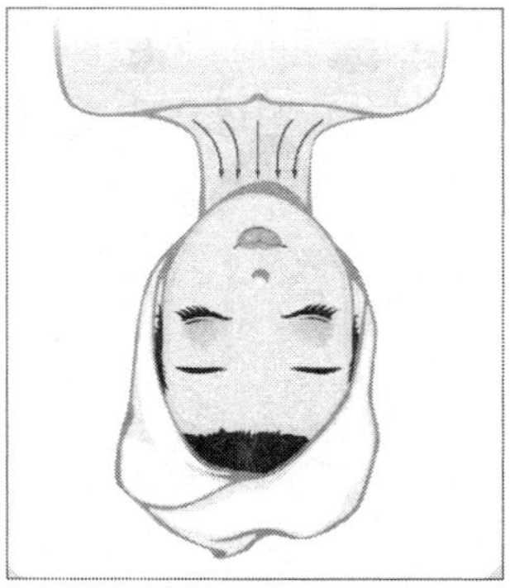

04 턱 쓰다듬고 좌우로 감싸주기(4회)

- 한손은 하악각에 고정. 오른손부터 턱아래를 귀밑에서 턱까지 연결해서 쓸고 턱중앙에서 하악각 끝부분까지 완전하게 쓸어준다.(반대편 실시)

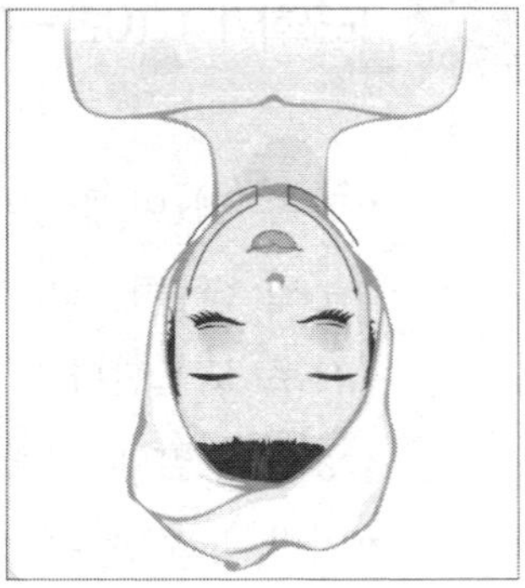

05 입가 문지르기(4회)

- 턱중앙에서 양손 중지 or 엄지로 입술 양끝(구각)을 지나 인중까지 연결해서 쓸어준다.
- 원 그리듯이 문지른다.
- 턱과 코 아래 부위를 교대로 쓸어준다.

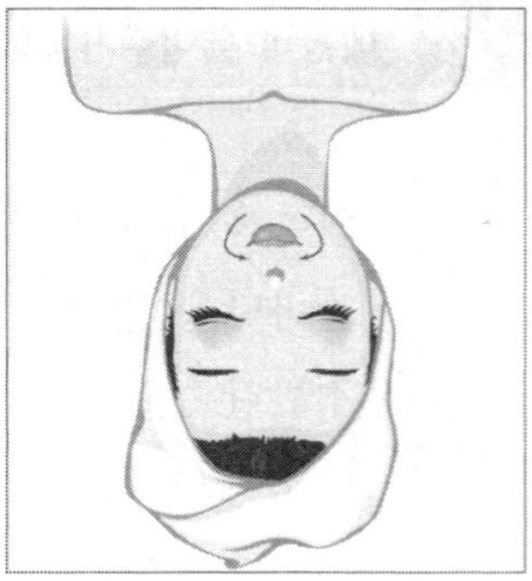

06 볼 마찰하기(8회-3회 반복)

- 양쪽 볼을 수영방향으로 3등분으로 나누어 마찰한다.(턱-입-코)
- 나선형으로 돌려준다.

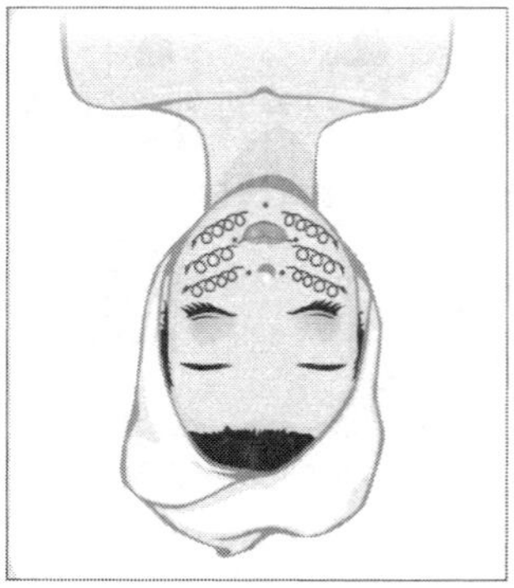

07 콧망울, 코벽, 콧등 문지르기(4회)

- 중지를 이용해 콧망울(콧날개)을 원을 그리듯 문지른다.(강하지 않도록 주의한다)
- 코벽, 콧등을 연결해서 강하게 누르지 않도록 주의하며 쓸어준다.

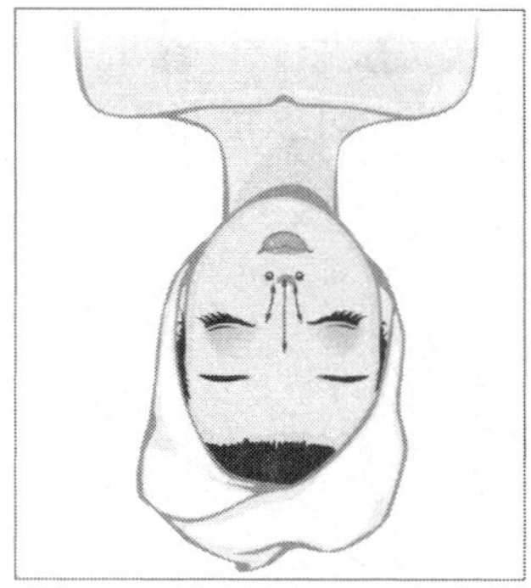

08 눈가 쓸어주기(4회)

- 엄지나 중지를 사용해 관자놀이에서(눈꼬리) 눈 중심 방향(눈머리)으로 쓸어준다.(제품이 눈에 들어가지 않도록 세심하게 쓸어준다)

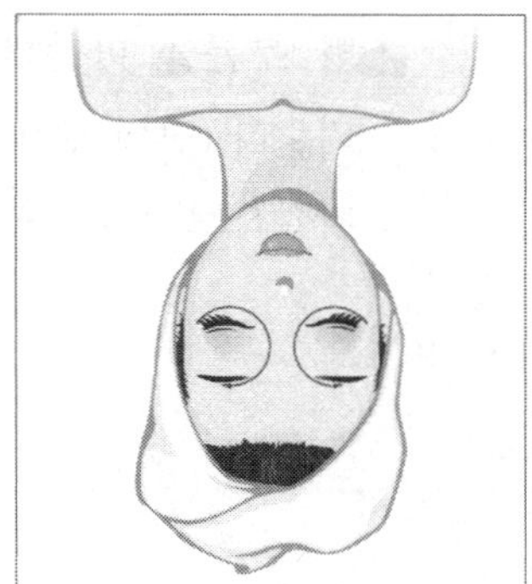

09 이마 수영방향으로 원 그리고 쓸어주기(8/4회)

- 이마 중앙에서 바깥으로 원을 그려준다.(2, 3, 4, 5지 손가락으로 유연하게 마찰해준다)
- 양손을 교대로 이마를 가로로 쓸어준다.(손바닥 전체를 밀착해서 유연하게 쓸어준다)

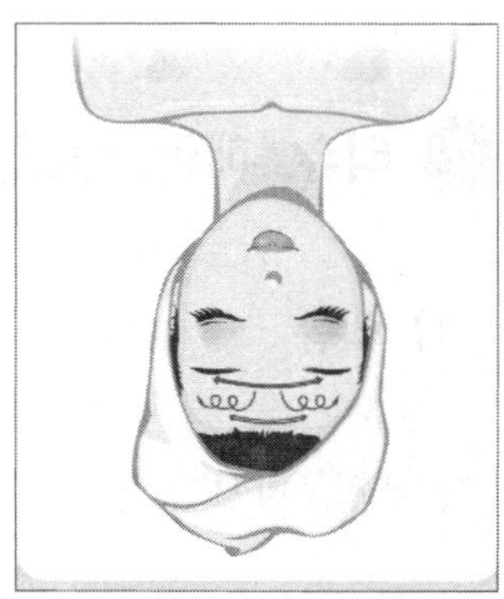

10 전체 연결동작(후) 쓸어주기-이마 세로 쓸어주기(1~9번까지 연결하여 쓸어주기)

- 마지막 이마 가로 쓸기 후 세로로 헤어라인까지 쓸어주고 양손으로 가로로 정리해서 관자에 위치한다.

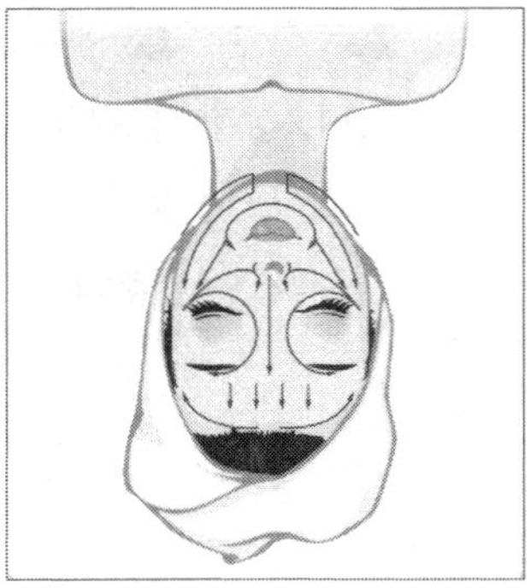

11 볼 감싸고 튕겨주기

- 뺨 부분을 마찰해주고 튕겨서 클렌징이 끝났음을 알려준다.(전체 손바닥과 손가락으로 얼굴을 감싸 쥐고 바깥으로 튕겨준다)

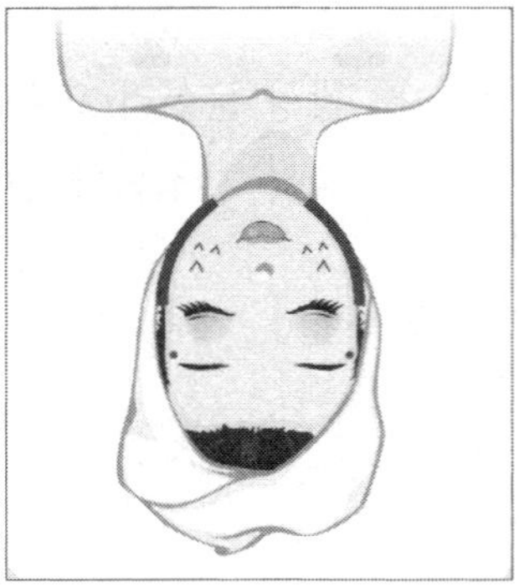

❹ 티슈, 해면, 습포, 토너 정리법

1) 티슈

클렌징·마사지 동작이 끝나면 미용티슈를 이용하여 유분기를 제거한다.

01 티슈를 반으로 접어 얼굴 윗부분을 눌러서 닦아준다.

- 누르듯이 닦아주고 콧구멍을 막거나 덮지 않도록 주의한다.

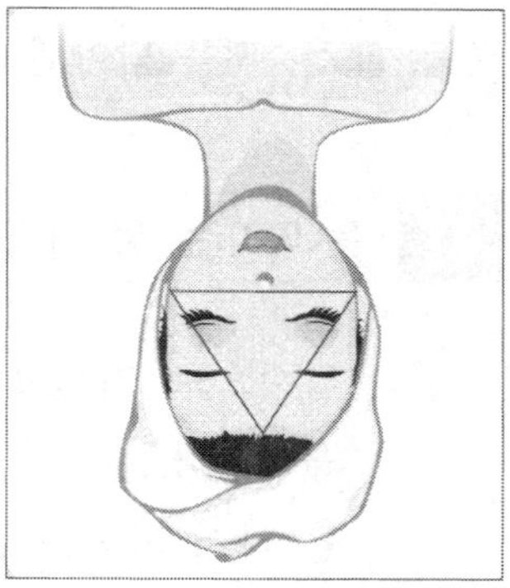

02 얼굴 아래 부분을 눌러서 닦아준다.

- 티슈 왼쪽 모서리를 고정하고 돌려서 코 아래 부분에 고정해 준다.

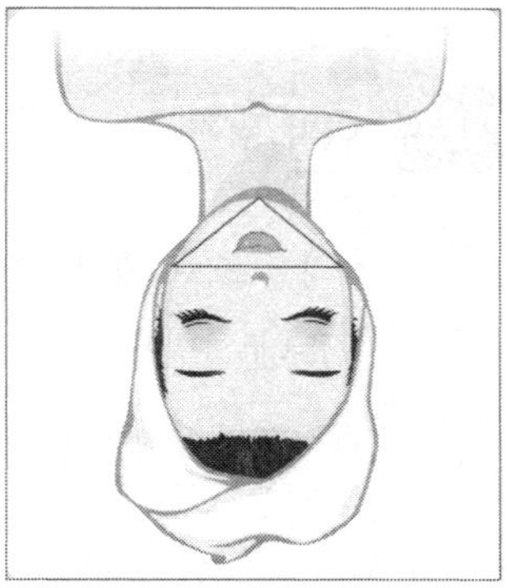

03 앞가슴(데콜테)과 목 부위를 티슈 2장 정도로 눌러서 닦아준다.

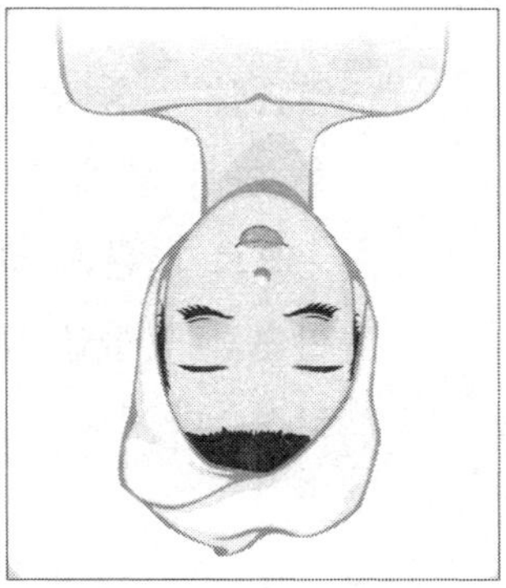

2) 해면

물에 담긴 볼에 해면을 넣어 사용하는데, 부드러운 재질로 얼굴에 묻어 있는 클렌징 제품, 크림, 팩을 닦아낼 때 사용된다.

01 눈 닦기(눈 위-아래-눈썹)

- 양손으로 가볍고 부드럽게 눈 안쪽에서 바깥쪽으로 쓸어준다.(눈 위－눈 아래 : 섬세하게 닦고 최대한 압을 빼서 자극을 줄인다)
- 더러워진 면을 돌려 깨끗한 면으로 매번 동작 실시한다.
- 눈썹도 안쪽에서 바깥쪽으로 닦아낸다.

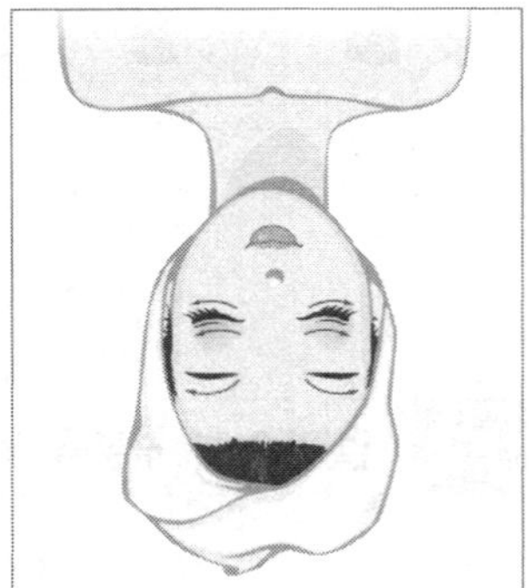

02 이마 닦기

- 양손으로 동시에 반으로 나누어 안-바깥쪽으로 닦아준다.

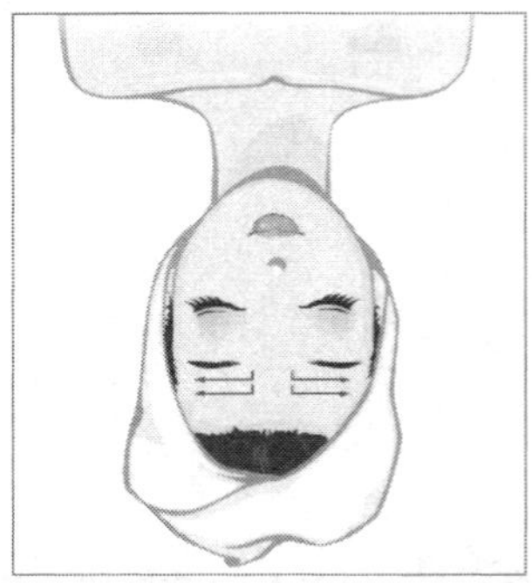

03 콧등, 코벽, 콧볼 닦기

- 양손을 콧등과 코벽을 위에서 아래로 닦은 후 양손을 콧볼 옆에 두고 오른손으로 왼쪽 코벽을 닦고 왼손으로 오른손 코벽을 닦아준다.
- 한손씩 콧볼을 닦아주고 반대쪽 손은 귀 아랫부분에 고정한다.

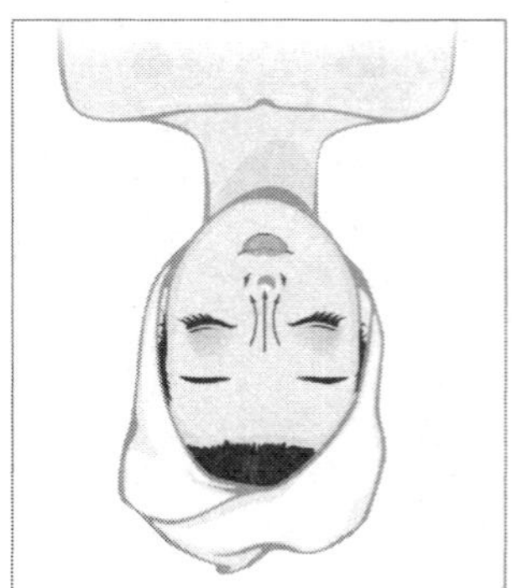

04 입술주위와 턱 닦기

• 양손으로 입술 주위와 턱을 닦고 양손을 귀밑까지 아래턱에서 연결시켜 닦아준다.

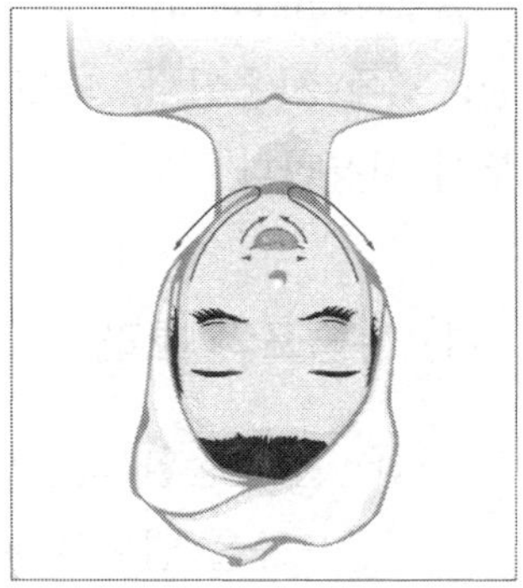

05 목 닦기

• 해면 전체를 펴서 쥐고 양손을 교대로 닦아준다.

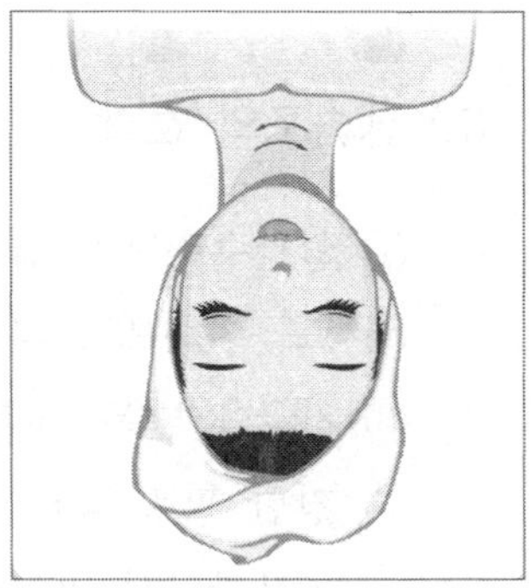

06 가슴 닦기

• 해면을 전체로 펴서 쥐고 닦은 후 견봉을 돌아 승모근, 후경부 쪽으로 올라가서 귀까지 닦아준다.
• 가슴은 약간의 압을 주어 닦고 승모근, 후경부 부위를 세심하게 쓸어서 닦아준다.

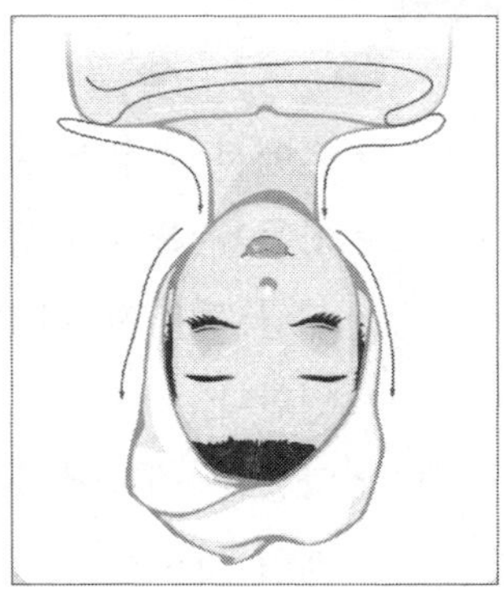

3) 습포

습포(Compress)는 피부관리단계에서 온습포 또는 냉습포로 클렌징 · 마스크 · 팩 등의 전, 후에 사용된다. 타월에 물기를 적절히 묻혀 접어서 온장고나 냉장고에 미리 넣어두어 사용한다.

(1) 온습포의 효과

① 혈액 순환 촉진시킨다.
② 모공을 열어 피지, 면포를 제거한다.
③ 죽은 각질과 기타 불순물을 제거한다.
④ 적절한 수분공급을 한다.
⑤ 클렌징, 딥클렌징, 마사지 단계에 사용하면 효과적이다.

(2) 냉습포의 효과

① 혈관수축으로 염증 및 홍반현상을 완화시켜준다.
② 모공수축으로 피부수렴, 긴장감, 탄력감을 부여시켜 준다.
③ 자극을 받은 피부에 진정효과가 탁월하다.(제모 후, 일광화상 후, 여드름 압출 후, 강한 필링 후)
④ 피부관리시 마무리단계에 사용하면 효과적이다.

01 습포 얹기 / 이마 압주기

- 손에서 적정한 온도를 맞추어 얼굴에 올려준다.
- 콧등을 확실히 덮었는지 확인한다.
- 귀밑 턱까지 타월이 충분히 펼쳐진 후 덮었는지 확인한다.
- 양손을 이마에 올리고 지그시 압을 준다.(양손을 포개어 가로로 교대 반복한다)

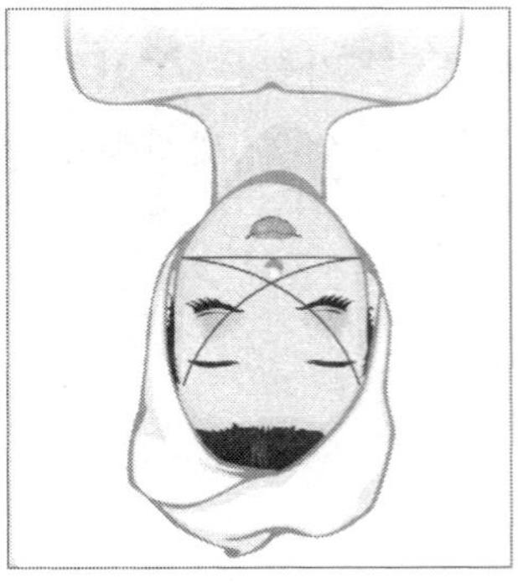

02 눈 압주기 – 눈썹 집어주기 – 이마 압주기

• 양손을 눈 위에 가로로 올리고 지그시 압을 준다. 수근으로 관자부위를 가볍게 압을 가한 후 엄지와 검지로 양쪽 눈썹을 머리부터 집어준다. 양엄지로 양 눈썹 중앙(인당)에서 헤어라인 시작점(신정)까지 압 준다. 헤어라인을 따라 관자까지 압을 주며 내려 온다.

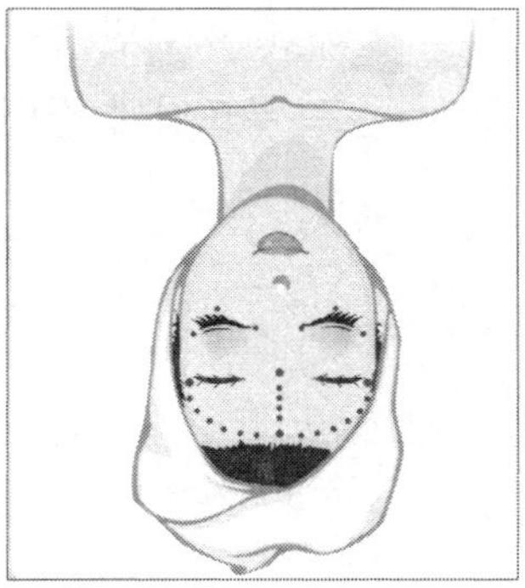

03 찬죽, 영향, 지창, 승장(압을 차례대로 눌러준다)

• 아래턱 중앙부터 귀밑까지 압을 양손을 사용하여 압을 눌러준다.
• 찬죽은 검지, 영향은 중지, 지창은 약지, 승장은 엄지, 2, 3, 4, 5지는 아래턱을 잡아 관리자 쪽으로 살짝 당겨 압을 준다.
• 2, 3, 4, 5지는 하악각에 고정하고 엄지를 이용하여 턱 주위를 눌러준다.

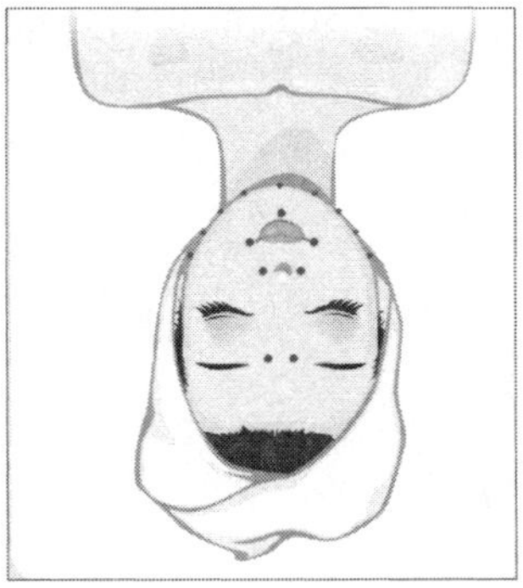

04 입주변 압주기

• 엄지와 검지를 이용하여 입 주위를 압주고 엄지나 중지로 지창을 눌러준다.

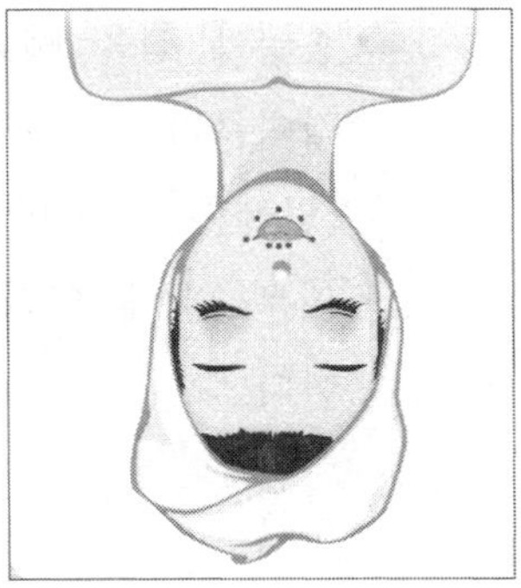

05 협골 당기기

- 2, 3, 4, 5번 손가락을 이용하여 협골을 관리자 쪽으로 부드럽게 끌어당긴다.

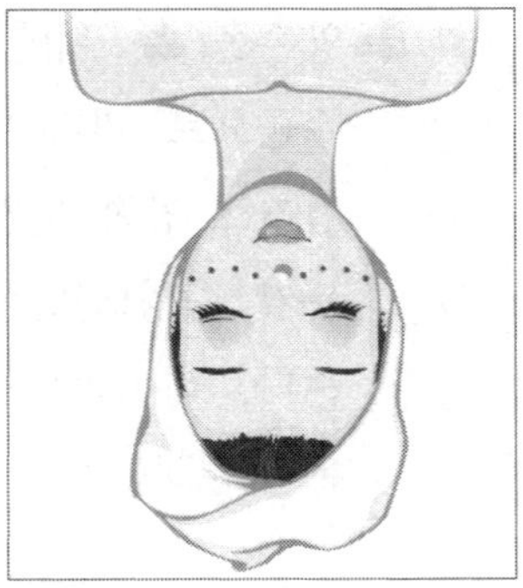

06 이마 압주기 → 얼굴 전체 압주기

- 양손바닥 전체를 이용하여 지그시 눌러준다.

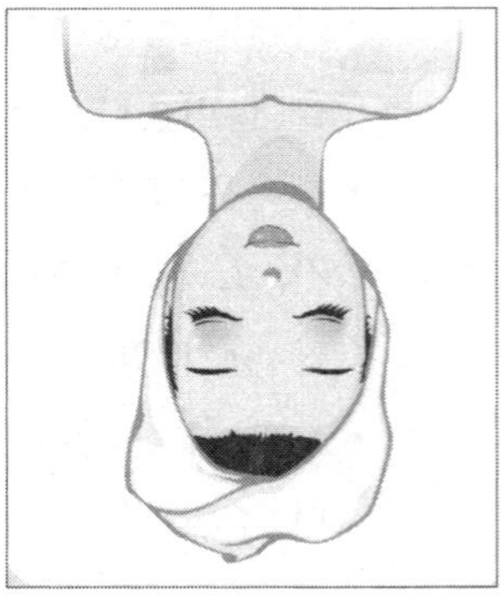

07 얼굴 닦아주기

- 손끝에 힘을 빼고 깨끗한 면으로 돌려가며 세심하게 닦아준다.
  (얼굴중앙 → 바깥쪽 방향)
- 피부상태에 따라 손압조절, 타월 닿는 횟수를 조절한다.

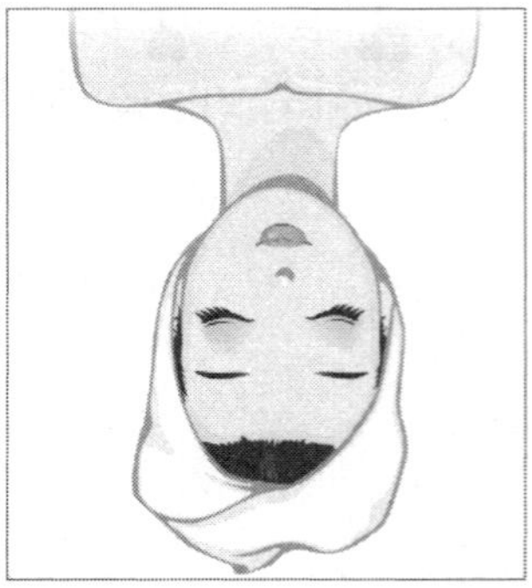

08	습포 반으로 접어 목, 가슴 닦아주기

• 목, 견봉, 귀 뒤까지 닦아준다.

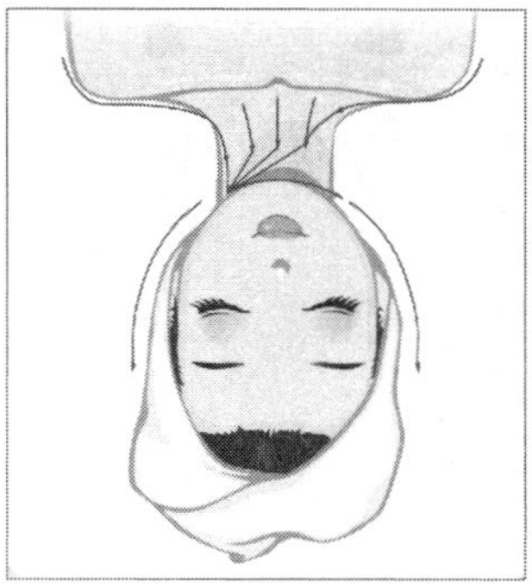

09	후경부, 헤어라인 닦아주기

• 왼손으로 후경부를 받치고 오른손으로 후경부를 닦아주고 헤어 밴드를 풀어서 헤어라인을 닦아준다.

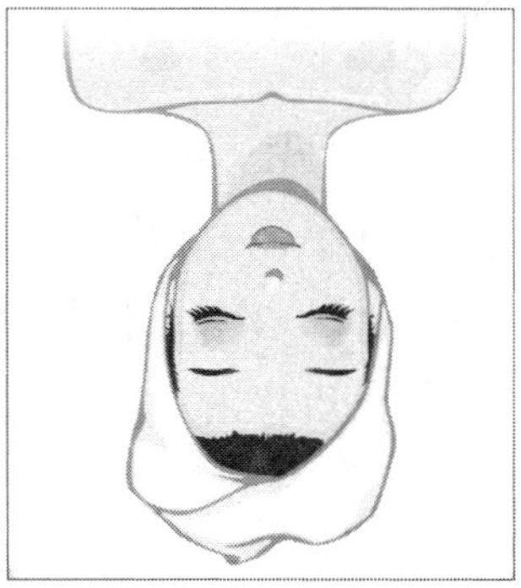

4) 토너

토너는(Tonner) 관리시 pH 밸런스 유지를 위해 사용되어지며, 피부에 남아있는 잔여물 제거 피부결 정돈을 위해 사용된다.

01	이마 닦아주기-볼-턱

• 먼저 이마를 3부위로 나누고 양손으로 동시에 닦아준다. 눈 아래에서 5부위로 나누고 양손으로 동시에 닦아준다.
• 턱 중앙에서 양손 교대로 닦아주고 귀밑까지 닦아준다.
• 더러워진 솜의 면을 뒤집어서 사용한다.

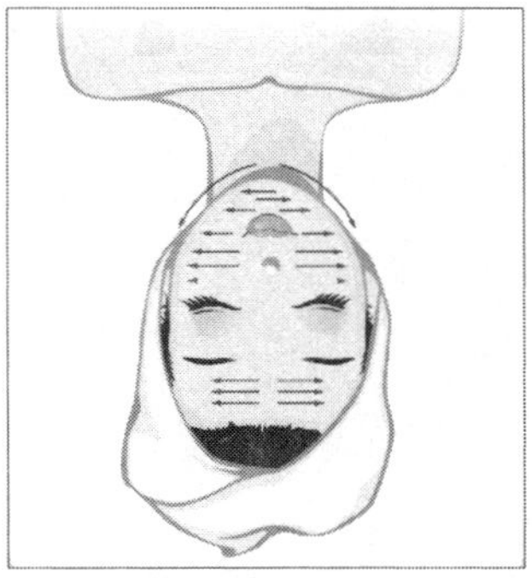

02 턱 중앙-입술 위-콧날개, 콧망울 닦아주기

- 양손교대로 닦아준다. 콧망울 부위는 원을 그리며 닦아준다.

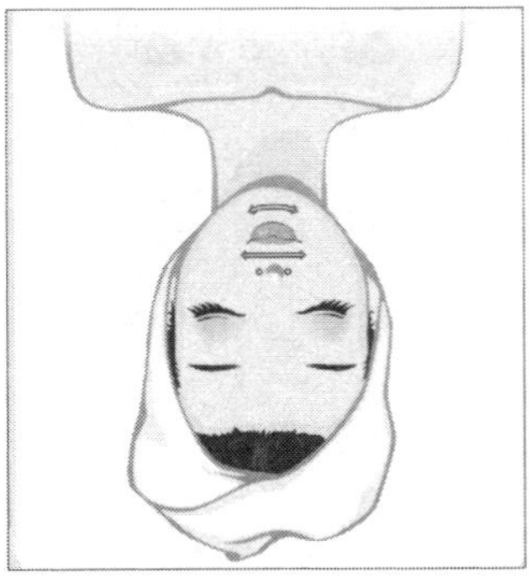

03 콧등, 코벽 → 목, 가슴 닦아주기

- 콧등, 코벽 → 목, 가슴 닦아주기
- 콧등, 코벽을 닦아서 눈썹에서 관자놀이까지 닦아주고 견봉, 후경부쪽으로 올라가 귀 뒤까지 닦고 마무리한다.

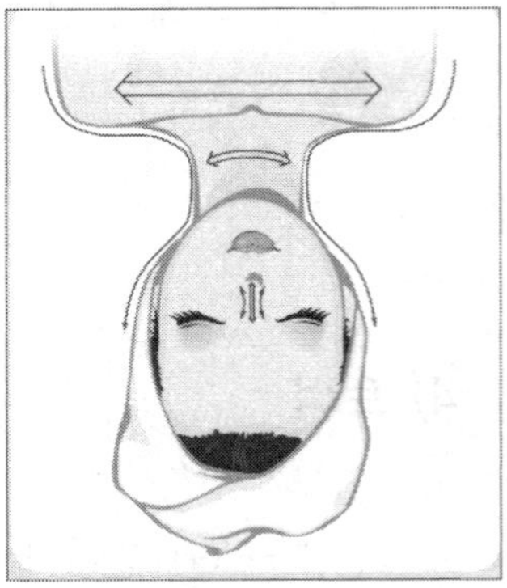

CHAPTER

02 피부의 구조 및 기능 (Structure and Function of the skin)

1 피부 개요

피부는 신체의 외부 표면을 덮고 있는 가장 큰 기관이다. 피부의 표면은 육안으로 보면 단순하고 평평한 구조를 가진 듯하나, 현미경으로 관찰하면 무수히 많은 가느다란 얇은 줄과 이들 줄 사이에는 약간 높은 곳과 우묵한 곳이 존재하는 것을 볼 수 있다. 이때 피부 표면의 우묵한 곳을 피부소구(皮膚小溝, furrow)라 하고 높은 곳을 피부소릉(皮膚小稜, hill)이라 한다. 바로 피부의 결은 피부소구와 피부소릉의 차이에 의해 결정된다. 즉, 피부결이 좋다는 것은 피부소릉이 낮고 가지런하며 피부소구가 얕아 섬세한 그물모양을 하고 있는 상태이고, 반대로 피부소릉이 높고 피부소구가 깊은 커다란 그물모양을 하고 있는 경우를 피부결이 좋지 않은 상태이다. 일반적으로 남성들이 여성에 비해 피부소릉이 높고 피부소구가 깊어 피부표면이 거친 편이다. 소구가 교차하는 곳에는 모발이 나와있는 작은 구멍인 모공이(毛孔) 있고, 피부소릉에는 땀을 분비하는 구멍인 한공(汗孔)이 있어 피부에 수분을 공급과 체온을 조절해 주는 기능을 한다. 또한 피부와 피부사이의 고랑과 능선이 서로 얽혀 여러 가지 모양의 피부무늬 만드는데 손바닥과 발바닥에 잘 발달되어 있으며 이것을 피문(皮紋)이라 한다. 이러한 피문은 여러 가지 모양으로 생후 1~4개월 경에 생기고 아동기에 발달하여 각 개인의 유전인자에 의해 서로 다른 모양을 이루고 있으며, 진피층의 능선모양과 대개 일치한다. 따라서 각 개인의 특성을 대표하는 손가락 지문(指紋)은 모든 사람들을 확실히 구별할 수 있는 것이다.

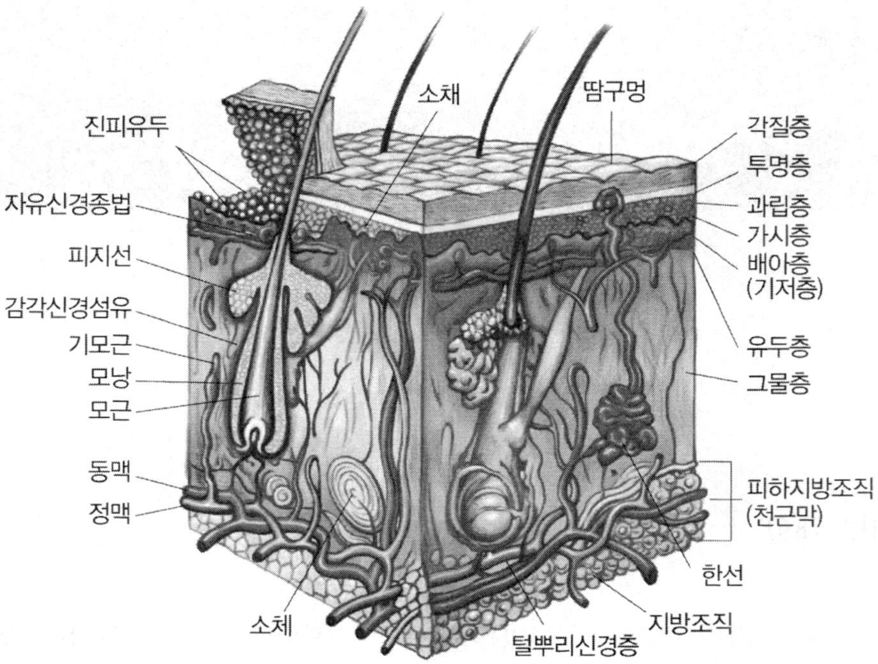

② 피부구조

1) 표피(Epidermis)

(1) 표피층의 분류

표피는 외배엽에서 유래하며 말피기층(malpighian layer)이라 불린다. 안쪽 부분은 살아 있는 세포로 구성되어 있고 외곽부분은 무핵이며 편평하고 건조한 죽은 세포들로 이루어진 각질층으로 이루어져 있다. 표피의 두께는 보통 0.1mm ~ 0.3mm로 신체부위에 따라 차이가 있다. 표피의 주요 역할은 신체내부를 보호해 주는 보호막기능으로 외부로부터 세균, 유해물질 및 자외선의 침입으로부터 방어해 준다. 표피는 중층 편평 각화 상피(stratified squamous cornifying epithelium)로서 거의 95%가 각질형성세포(keratinocyte)로 이루어져 있으며 그 외에 멜라닌세포(melanocyte), 랑게르한스세포(Langerhans cell), 및 머켈세포(Merkel cell)가 존재한다.

① **각질층**(Stratum corneum, horny layer)

피부의 가장 바깥부분에 위치한 무핵의 세포층으로 대략 20~25층의 편평한 기와 모양의 얇은 각질판으로 겹겹이 쌓여있다. 세포와 세포 사이는 지질로 구성된 접착물질 성분으로 주로 세라마이드(ceramide)가 존재하고 이 물질은 각질층 사이에서 층상의 라멜라(lamella) 구조로 존재한다. 이러한 구조로 되어 있는 지질성분은 각질층 사이가 단단하게 결합될 수 있도록 하며 수분의 손실을 억제해준다. 각질층은 피부표면에 가까울수록 세포 간의 접착력이 약해져 간격이 생겨 보통의 경우 비듬 모양의 얇은 조각으로 눈에 보이지 않게 한 짱씩 떨어져 나가는데 이를 박리 현상이라 한다. 각질층의 구성 성분과 함유량은 각질단백질인 케라틴(keratin) 약 58%, 각질세포간지질(lipid) 약 11%, 천연보습인자(natural moisturizing factor) 약 31%가 함유되어 있다. 각질층의 천연보습인자들은 각질층의 수분량을 결정하며, 각질층의 적당한 수분함량은 10~20%로, 수분함량이 10% 이하가 되면 피부가 건조해지고 각질이 일어나고 잔주름이 생기기 쉽다.

각질층은 피부장벽의 역할에 있어 다양한 환경과 산, 알칼리 등의 자극, 이물질의 침입으로부터 피부를 보호해 주고, 수분 등의 내부 물질이 피부 밖으로 투과하지 못하게 방어하는 중요한 역할을 한다. 그리고 화장품이나 약물의 흡수과정에서도 중요한 역할을 하므로, 피부관리 시 각질관리가 매우 중요하다는 것을 알 수 있다.

② **투명층**(Stratum lucidum, Clear layer)

각질층 바로 아래에 있는 층으로 2~3층의 생명력이 없는 무핵의 작고 투명한 세포로 이루어져 있다. 반유동성의 엘라이딘(eleidin)이라는 물질이 함유되어 있어 투명하게 보이며 빛을 굴절시켜 차단하는 특성이 있다. 수분을 흡수하지 않아 외부로부터의 수분침투를 방지하는데 그 예로 목욕탕에 오래 있으면 손바닥과 발바닥이 쭈글쭈글해지는데 이것은 각질층에 수분이 스며들어 포화가 일어나 팽창하나 투명층에는 수분이 흡수되지 않아 팽창이 되지 않기 때문이다. 투명층은 모든 피부에서는 식별이 쉽지 않고 주로 손바닥과 발바닥에서 확실하게 관찰된다.

③ **과립층**(Stratum granulosum, Granular layer)

작은 과립모양의 세포들로 이루어져 있고 편평형 또는 방추형의 세포층으로 2~5층으로 이루어져 있다. 표피세포가 퇴화되어 각질화되는 과정의 1단계에 해당되며 세포질 내부에 케라틴의 전구물질인 각질유리과립(keratohyalin)이 형성되어 있어 외부로부터의 이물질 통과와 특히 수분 침투에 대한 방어 역할과 피부 내의 수분증발을 막는 역할을 하고 있다. 각질유리과립은 유황단백질(sulfurprotein)을 많이 함유하고 있으며 빛을 굴절시켜 피부를 맑아 보이게 하기도 한다.

④ 유극층(Stratum spinosum, Priekle cell layer)

표피의 대부분을 차지하는 층으로 5~10층으로 이루어져 있으며, 세포들은 다각형의 유핵극상세포로 가시 모양으로 서로 연결되어 있어 가시층이라고도 불리운다.

유극층은 살아 있는 세포로 구성되어 있으며 다각형 세포들의 표면에 있는 짧은 극돌기는 이웃세포의 돌기들과 연결되어 세포간교를 형성하고 있다. 세포간교란, 세포 사이를 통해 물질 교환이 이루어지게 함으로서 피부관리에 매우 중요한 역할을 담당한다. 그리고 피부의 면역 기능을 담당하는 랑게르한스 세포(Langerhans cell)가 존재하여 알레르기성 접촉성 피부염에도 관여한다.

⑤ 기저층(Stratum basale, Basal cell layer)

표피의 가장 아래에 위치하며 핵을 가진 세포들이 일렬로 밀접하게 정렬되어 있다. 진피와 접한 경계부분은 물결 모양을 이루고 있어 진피의 모세혈관으로부터 산소와 영양을 공급받으며 진피의 모세림프관을 통해 탄산가스와 노폐물을 배출한다. 젊은 피부일수록 경계부의 물결모양의 요철이 많고 깊어 영양공급 및 노폐물 배출기능이 뛰어나다. 기저층에는 멜라닌 색소를 생산하는 멜라닌세포가 있어 피부색을 결정하고 자외선으로부터 피부를 보호해 주는 역할을 한다. 기저세포와 멜라닌세포의 비율이 4:1 ~ 10:1로 존재하며 활발한 세포분열을 통해 새로운 세포층으로 이동한다. 기저층의 세포분열은 밤 10 ~ 2시 사이에 가장 활발하므로 피부재생을 위해서는 이 시간대에 충분한 수면을 취해야 한다. 기저층은 피부표면의 상태를 결정짓는 중요한 층이며, 피부가 외부로부터 손상을 입었을 시 기저세포로부터 세포재생이 촉진 되기 때문에 재생층이라고 하기도 한다. 그러므로 진피층 뿐 아니라 기저층의 세포가 상처를 입으면 세포재생이 어려워지므로 후에 흉터가 남는 경우가 많다.

표피층의 구조

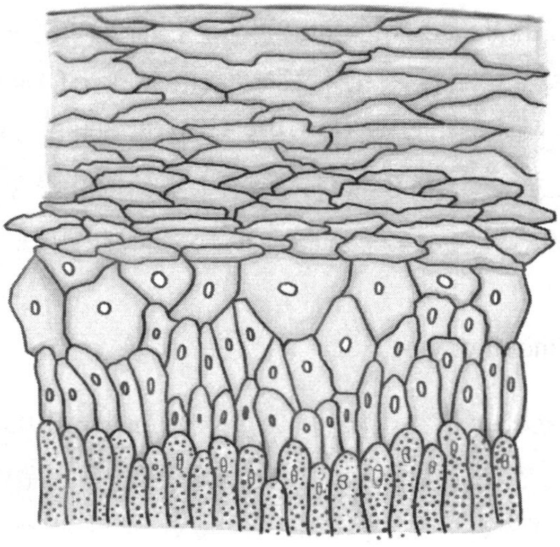

⑥ **진피 – 표피 경계부**(Dermoepidermal junction)

진피와 표피경계부는 기저막(Basement mebrane zone)으로 이루어져 있고 진피와 표피를 접합시켜 주고 있다. 이 접합부위를 기저 막대라 하는데 유동성 반투과성의 여과기로 생각되며 표피와 진피 사이에서 액상의 물질은 투과시키고 염증세포나 종양세포들이 왕래하는 것을 제어하는 방어막으로서의 역할을 수행하고 있다. 진피-표피 경계부의 미세구조를 살펴보면 표피층 기저세포 원형질막 아래에 위치한 투명판 그리고 그 아래의 전자밀도가 높은 기저판, 기저세포원형질막과 기저판을 연결하는 고정세섬유와, 고정원섬유, 미세원 섬유, 교원섬유로 이루어져 있다. 고정원섬유는 표피와 진피를 연결하는 가장 강한 매듭이고 반면에 미세원섬유는 표피와 진피의 연결에 큰 역할을 하지 못한다.

(2) 표피층의 구성세포

① **각질형성세포**(Keratinocyte)

표피를 구성하는 가장 중요한 세포로 표피세포의 90~95%를 차지하며, 케라틴단백질을 만드는 역할을 하므로 각질형성세포라 한다. 각질형성세포의 분화 과정은 표피의 가장 아래층인 기저세포가 분열하고 분화하여 유극세포와 과립세포에서 합성, 분해 과정을 거쳐 마지막 단계로 표피의 가장 위쪽으로 밀려와 각질세포가 되어 떨어져 나간다. 이러한 과정을 각화과정(keratinization)이라 한다. 각질형성세포의 수명은 약 28일이며, 부위에 따라 조금씩 다르나 매일 각질층에서 수백만 개씩 떨어져나감과 동시에 기저층에서는 매일 수백만 개의 세포가 새롭게 생성된다. 이러한 과정이 정상적으로 이루어지고 있는 상태를 정상각화(orthokeratosis)라 하고, 각질층 세포의 탈락이 정상적으로 이루어지지 않고 각질층이 두터워져 있는 상태를 과각화증(hyperkeratosis)이라 한다. 과각화증은 노화피부와 지성피부 및 여드름피부에서 발생되는데 이 때에는 피부가 두텁고 거칠어 보이며 각질세포의 축적으로 피부표면을 통한 영양흡수에도 지장을 주게 된다. 따라서 인위적으로 각질을 벗겨내는 작업인 필링(peeling, 박피술)을 하게 된다.

② 멜라닌 세포(melanocyte)

멜라닌 세포는 표피의 색소 생산 세포로서 세포의 5~10%를 차지하고 있으며 대부분 기저층에 위치하며 멜라닌 세포와 기저 세포의 비율은 부위에 다라 차이가 있으며 1 : 6 정도이다. 멜라닌 세포는 멜라닌 색소를 함유한 멜라닌 소체(melanosome)를 합성하며 멜라닌 세포에서 만들어진 멜라닌은 세포돌기를 통하여 각질형성세포에 전달된다. 멜라닌 세포는 문어발과 같은 모양인 긴 수지상 돌기 형태(dendritic)를 하고 있으며, 주요기능은 자외선의 유해작용으로부터 진피는 보호하고, 기저층의 세포가 손상되는 것을 막아준다. 멜라닌 세포의 수는 인종·피부색에 관계없이 1mm^2 당 1,200~1,500개로 동일하며, 피부색은 멜라닌 세포 내의 멜라닌소체 수와 크기, 멜라닌화의 정도 분포 및 각질형성세포 내에서의 멜라닌 소체의 분해에 의해 결정된다. 멜라닌 세포는 피부색을 결정짓는 중요한 역할을 할 뿐만 아니라, 색소에 의한 여러 피부질환을 유발할 수 있다.

③ 랑게르한스 세포(Langerhans cell)

랑게르한스 세포는 표피세포의 2 ~ 4%를 차지하며 별 모양의 세포질돌기를 가진 수지상 세포로 주로 유극층에 존재한다. 이 세포는 1868년 베를린 의과 생이던 파울 랑게르한스(Paul Langerhans)가 발견한 세포로 그의 이름자를 넣은 세포로 명명하게 되었다. 랑게르한스 세포는 주로 피부의 면역에 관계하면서, 외부로부터 들어온 이물질인 항원을 면역담당세포인 림프구로 전달해주는 역할을 한다. 그리고 순환계와 깊은 연관성이 있는 세포로 피부의 면역학적 반응과 알레르기 반응, 접촉성 피부염, 바이러스 감염 감지, 면역 내성 등 중요한 역할을 한다. 랑게르한스 세포는 진피, 림프절, 흉선에서도 발견된다.

④ 머켈 세포(merkel cell)

표피에 광범위하게 퍼져있으나 주로 기저층에 위치하고 있으며 피부에서 촉각을 감지하는 역할을 한다. 머켈 세포는 신경세포와 연결되어 있어 촉각을 감지하여 신경자극을 뇌에 전달하므로 촉각세포라고도 한다. 인체 피부에서 손바닥, 발바닥, 입술 등 모발이 없는 피부에서 주로 발견된다.

2) 진피(Dermis, Cutis, Corium)

진피는 표피와 피하지방층 사이에 위치하며 피부의 주체를 이루는 실질적인 피부이다. 피부의 90% 이상을 차지하며 두께는 0.5~4mm 정도로, 표피의 10~40배 되는 두꺼운 층이다. 진피는 교원섬유(collagen fiber), 탄력섬유(elastic fiber) 등의 섬유성 단백질과 대식세포(macrophage), 섬유아세포(fibrobrast), 비만세포(mast cell) 등으로 구성되어 있다.

섬유아세포는 결합조직 내에 널리 분포되어 주종을 이루고 교원섬유와 탄력섬유의 기질을 생성하는 역할을 한다. 대식세포(macrophage)는 이물질을 삼킴으로 신체를 보호하는 역할을 하고 비만세포(mast cell)는 유두층의 모세혈관 가까이에 위치하여 염증매개물질을 생성하거나 분비하는 작용을 한다. 또한 혈관계나 신경계, 림프계 등이 복잡하게 얽혀 있으며 피부 부속기관인 피지선과 한선이 자리 잡고 있다. 이들은 피부에 영양공급, 노폐물배설, 감각, 분비 등 피부의 중요한 기능을 맡고 표피를 지지하고 강인성에 의해 피부의 다른 조직들을 유지하고 보호해 주는 역할을 하고 있다. 구조상 진피의 경계가 확실하지 않으나 진피의 윗부분에 위치한 유두층(papillary layer)과 아랫부분에 위치한 망상층(reticular layer)으로 구분된다.

(1) 진피층의 분류

① 유두층(papillary layer)

표피와 접하고 있는 부분으로 진피가 표피쪽으로 둥글게 돌출되어 있다. 이 돌출물을 유두(dermal papilla) 또는 유두체라 하며 이 부분을 유두층이라 한다. 유두층은 미세한 교원질이 둥글고 불규칙하게 배열된 결합조직으로 이 섬유 사이에는 세포들과 많은 기질이 존재하며, 모세혈관·신경종말·림프관이 풍부하게 분포되어 있다. 따라서 혈관분포가 없는 표피로 영양분과 산소를 운반해 주고 림프관을 표피의 노폐물을 배설해 주며, 신경종말은 감각소체를 형성하여 촉각이나 통각 등의 신경을 전달한다. 표피와 진피의 경계가 물결 모양인 파형(波形)으로 인하여 피부의 팽창과 탄력에 관여하며 피부모양을 유지한다.

② **망상층(reticular layer)**

유두층의 아래에 위치하는 층으로 콜라겐과 엘라스틴이 풍부하고 진피층의 대부분을 차지한다. 굵은 교원섬유와 탄력섬유가 피부표면과 평행하게 존재하여 피부를 지지해 주며 탄력성을 유지시켜 준다. 피부의 탄력성은 진피를 이루는 섬유질의 탄력상태에 따르며 임산부와 비만인 사람과 같이 체중이 늘어나는 경우에도 피부가 처지지 않는 것은 망상층에 함유된 섬유질 때문이다. 망상층의 섬유질은 일정한 방향성을 가지고 배열되어 있는데 신체의 부위에 따라 달라지며 이와 같은 부위에 따른 섬유들의 주행방향을 피부할선(皮膚割線) 또는 랑거선(Langer's line)이라 한다. 이외에도 망상층에는 혈관, 림프관, 신경총, 땀샘 등이 복잡하게 분포되어 있다.

(2) 진피의 구성세포

① **교원섬유(collagen fiber)**

진피의 90%를 차지하고 섬유단백질인 교원질(collagen)로 구성되며 교원질은 섬유아세포에서 생산·재생된다. 교원섬유는 진피 뿐만 아니라 뼈·혈관·치아에도 많은 비중으로 함유되어 있고 현미경 관찰 시 백색을 띄고 있어 백섬유(white fiber)라고도 불리며 물을 넣고 끓이면 아교처럼 끈끈해져 젤라틴화 된다. 자체적으로는 탄력성이 매우 적으나 탄력섬유과 함께 피부에 장력과 탄력성을 제공하는 역할도 한다. 진피 내의 교원질은 피부노화현상과 자외선의 영향으로 그 양이 감소되어 형태가 변하게 되는데 수분보유력이 좋은 용해성 교원질(soluble collagen)과 피부가 노화되어 수분보유력이 좋지 못한 불용해성 교원질(unsoluble collagen)으로 변질된다. 이러한 교원질의 변화는 탄력감소와 주름형성의 원인으로 작용하여 요즈음에는 교원질을 주사화 또는 화장품화 하여 피부의 주름을 펴거나 탄력을 제공하는 효과를 얻기도 한다.

② **탄력섬유(elastic fiber)**

진피에 있는 섬유성분 가운데 비교적 적은 부분을 차지하며 짧고 가는 섬유로 주로 탄력이 있는 섬유단백질인 탄력소(elastin)로 구성되어 있어 탄력섬유라 한다. 탄력섬유는 현미경 관찰시 황색을 띠므로 황섬유라고도 하며 교원섬유와 달리 물에 가열해도 젤라틴화되지 않으며 각종 화학 물질에 대해서도 저항력이 매우 강하다. 또한 원래의 모습으로 되돌아오도록 하는 탄력성을 제공하여 피부의 탄력성 측정시 이용된다. 노화가 시작되면서 탄력소가 파괴되어 탄력섬유의 기능이 저하되게 되므로 피부가 이완되고 주름이 발생하게 된다.

③ 기질(ground substance)

진피의 결합섬유 사이를 채우고 있는 물질을 기질이라 하며, 기질은 주위의 다른 조직을 지지하면서 결체조직 대사와 염분, 수분의 균형에 관여한다. 기질의 주성분은 점다당질이며 점다당질은 히아루론산(hyaluronic acid)과 콘드로이친 황산(chondroitin sulfate) 헤파린 황산염(heparin sulfate) 등의 글리코사미노글리칸(glycosaminoglycans)들로 이루어져 있다. 이들은 친수성 다당체로 물에 녹아 끈적끈적한 액체 상태로 존재하기 때문에 점액성의 뜻을 가진 뮤코(muco)라는 접두어를 붙여 뮤코-다당체(muco-polysaccharide)라 부른다. 이러한 점다당질 같은 생체고분자에 흡수된 수분은 일반적인 수분과 달리 강하게 결합되어 쉽게 증발되거나 얼지 않는 특별한 성질을 가지고 있는데, 이것을 결합수(bound water)라 한다. 또한 진피의 건조 중량으로 따져 겨우 0.1 ~ 0.2%를 차지하고 있지만 자기 몸무게의 수백배에 해당하는 다량의 수분을 보유할 수 있는 성질이 있어 수분이 부족하기 쉬운 다른 조직에 수분을 공급하는 저장고와 같은 기능을 한다.

교원섬유 구조

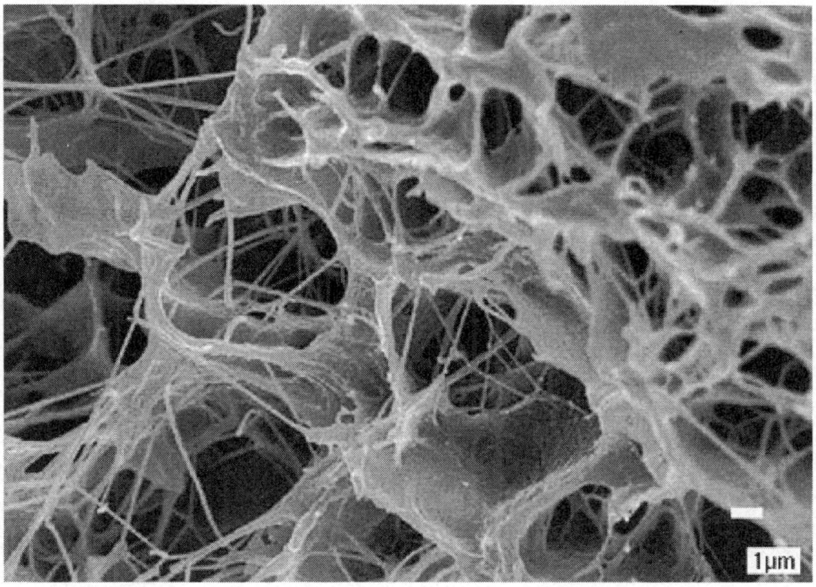

3) 피하지방층(Subcutaneous tissue)

피하지방층은 진피와 근육, 뼈 사이에 위치하고 지방세포들을 함유하고 있는 피부의 가장 아래층에 있는 부분이다. 지방층의 분포와 두께는 신체부위, 성별, 연령, 영양상태에 따라 다르며 진피 보다 훨씬 두꺼운 층을 이루고 있다. 여성호른몬과도 관계가 있어 남성에 비해 여성이 더 발달되어 있고 여성호르몬이 많아지는 임신시기에는 피하지방층이 더 많이 발달된다. 또한 복부와 둔부는 3cm 이상으로 두껍고, 눈꺼풀, 귀, 음경, 음낭 등에는 발달이 미숙하다. 피하지방층의 지방 세포들은 지방을 생산하여 체온 손실을 막는 체온 보호기능, 탄력성을 유지하여 외부의 충격으로부터 몸은 보호하는 물리적 보호기능, 인체에서 소모되고 남은 영양이나 에너지를 저장하는 저장기능 등을 한다. 피하지방층에 지방이 지나치게 많이 축적되거나 조직액이 축적되어 피하조직이 두꺼워지게 되면, 진피 · 표피가 위로 밀려오면서 피부표면이 오렌지 껍질처럼 울퉁불퉁 튀어 올라오게 된다. 이대 피하지방층에는 지방세포 주위의 결합조직인 림프관과 혈관이 압박되어 순환장애가 일어나고 교원섬유의 탄력성이 저하되는 현상이 일어나는데 이러한 피부 내부와 피부 표면의 현상을 셀룰라이트(cellulite)라 한다.

피하조직의 구조

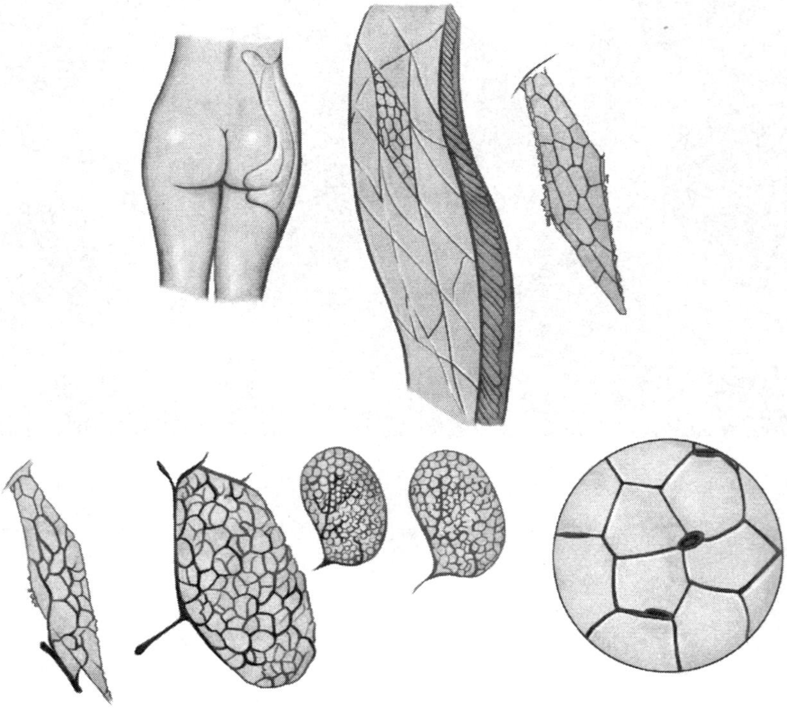

피하지방과 셀룰라이트

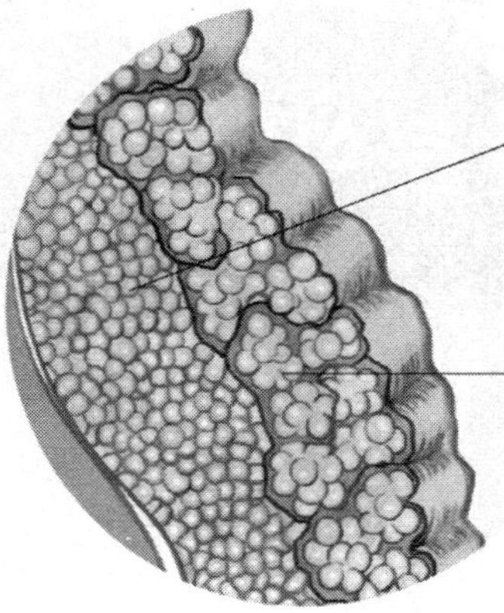

CHAPTER 03 피부상태 분석평가

1 피부의 생리적 기능

피부는 신체의 둘레를 감싸는 넓은 기관으로 직접 외부환경과 접하고 있어, 외부의 자극으로부터 보호하고 주위의 변화에 신체의 작용을 순응시키는 기능을 한다. 그리고 신체의 내부 작용과 연결되어 있어 인체가 정상적인 활동을 유지하는데 매우 중요한 역할을 하며 보호, 체온조절, 감각, 분비, 배설, 호흡, 비타민D 형성, 표정, 재생 및 면역 작용 등의 피부기능을 담당한다.

1) 보호작용

각질층의 케라틴 성분에 의한 저항력과 진피층의 탄력섬유 및 교원섬유에 의한 신축성, 피하조직 구조의 특성에 의해 외부의 물리적인 자극이나 압력, 충격으로부터 신체를 보호한다.

그리고 멜라닌 색소의 흡수작용과 각질층의 구조에 의한 산란작용으로 자외선의 자극으로부터 피부를 보호하는 기능을 한다.

피부 표면의 피지막은 pH 4.5 ~ 6.5의 약산성 보호막으로 세균 번식을 억제한다. 피지막은 외부의 알칼리성 물질을 중화시키는 능력이 있으며 약산성 상태로 다시 돌아오려는 복원능력이 있어 피부를 보호한다.

2) 체온조절 작용

신체의 체온을 36.5℃로 항상 일정하게 유지하기 위해 피부의 혈관, 한선, 저장지방 등은 역할을 충실히 이행하고 있다. 질병, 외부기온의 상승이나 하강에 의한 체온 변화 시 자율신경의 영향을 받아 발한을 증가시키거나 기화열을 뺏는 방법 등으로 체열의 발산을 막아 체온을 조절한다. 또한 피하지방층은 외부 온도 변화에 따른 영향을 감소시키기 위한 일종의 보호판으로 작용한다.

3) 감각작용

피부의 감각기에는 신경종말수용기를 가지고 있어 촉각, 온각, 통각, 냉각, 압각이 느껴진다. 이러한 감각은 외적 자극에 대한 방어력을 갖고, 환경 변화에 따른 적응력으로 신체를 보호한다.

4) 분비 및 배출 작용

피부는 피지선에서 피지를 한선에서 땀을 피부 표면으로 배출한다. 땀은 대부분 피부 표면에서 증발하여 체온조절에 도움을 주며 증발되지 않은 땀은 피지와 함께 피부 표면에 지방막을 만들어 수분이 증발하지 않도록 방수막의 역할을 한다. 이러한 땀과 피지는 피부의 유연함을 제공하고 피부 표면약산성을 유지하여 세균의 번식을 억제하고 피부를 보호한다.

5) 흡수작용

피부는 피지막과 각질층의 레인막에서 물과 이물질의 침투를 최대한 저지하면서 약간의 물질들을 흡수하는 흡수 능력을 갖고 있다. 피부표면의 지방막으로 인해 호르몬류, 지용성 비타민, 항히스타민제 등 지용성 물질이 흡수가 용이하며 수용성 비타민B, C, 나이아신 등의 수용성 물질의 흡수가 어렵다.

6) 비타민D 합성 작용

피부는 자외선을 받으면 비타민 D를 합성하여 체내의 칼슘 흡수 촉진과 대사에 관여하고 구루병을 예방한다.

7) 저장작용

피부는 섭취한 영양물질을 에너지원으로 사용하며 여분의 영양물질을 저장하는 기능이 있다. 표피층과 진피층은 수분을 포함한 영양물질을 저장하고 있으며, 대사에 필요한 에너지원인 지방을 피하조직에 저장하는 역할을 한다.

2 피부의 흡수

1) 피부 흡수의 정의

피부의 흡수란 외부로부터 접촉된 어떤 물질이 표면에서 표피를 통하여 원하는 부위나 전신 순환계로 이동하는 것을 말한다. 피부를 통한 흡수는 크게 표피를 통한 흡수(transepidermal absorption)와 피부부속기를 통한 흡수(pilosebaceous absorption)로 나눌 수 있다. 사용된 외부의 어떤 물질이 피부 표면을 통해 피부 내부로 물리적으로 침입하는 것을 침투(penetration)라 하고, 피부세포 자체·세포간·한선·모낭의 경로로 침투된 물질이 표피를 통과하여 진피로 유입되는 과정을 투과(permeation)라 한다.

흡수(absorption)는 침투된 물질이 피부 투과 과정에서 생리·화학적으로 신체의 물질과 결합하거나 자신의 고유한 방법으로 피부 물질변화와 에너지변화에 관여하게 되는 것이다. 피부흡수를 막는 생리적 장애요소들로는 피지막·각질층·레인막·세포막 등이 있으며. 흡수에 영향을 주는 요인들로는 습도와 온도·각질층의 두께·연령·피부의 혈류량·물질의 상태 등이 있다.

2) 흡수 경로

(1) 표피세포 사이를 통한 흡수 경로

표피세포를 통과하는 피부흡수로서 세포 자체를 투과하거나 세포 사이로 흡수된다. 리포좀이나 초미립자 캡슐은 표피세포 사이의 간격보다 더욱 미세한 크기로 피부 내의 흡수를 위해 제조된 고도의 화장품이다. 이러한 리포좀이나 초미립자 캡슐은 세포 내에 용이하게 침투되어 깊숙이 흡수·확산된다. 또한 흡수되기 힘든 물질은 전기기기를 이용한 이온화 요법을 이용하여 경피 흡수를 촉진시킨다.

(2) 피부부속기를 통한 흡수 경로

피부 표면의 있는 구멍인 모공과 한공을 통한 경로로서 각질층을 통과할 수 없는 분자량이 큰 물질을 확산에 의해 흡수한다. 전체 표면의 0.1 ~ 0.5%를 차지하는 적은 부분이지만, 확산기전(diffusion)에 의해 매우 신속하게 흡수되는 특징이 있다.

3 피부의 pH

어떤 물질이 용액 속에 용해되어 전체가 용액상태가 되었을 때 그 용액 속에 들어있는 수소이온농도(hydrogen-ion concentration)를 표시하는 단위를 pH라 한다. 피부의 pH는 피부표면의 피지막 pH로서 피지의 지방산들과 땀에 함유된 유산이 중요한 완충기능을 한다. pH 값은 0 ~ 14까지의 15단계로 pH 0은 가장 강한 산성도를 나타내고 pH 7은 중성을 다시 수치가 그 이상으로 올라가면 알칼리성을 띄게 된다. 피부의 이상적인 pH는 얼굴 pH 5.2 ~ 5.8, 전신에 걸친 외피의 범주는 pH 4.5 ~ 6.5, 혈장의 pH는 7.2 ~ 7.35 정도이다. 피부의 pH는 신체 부위, 피부층, 성별, 연령, 인종, 피부유형에 따라 다르며 계절, 기후, 화장품, 소화기능, 영양상태, 목욕 및 세수조건 등 외부 여건에 영향을 받는다.

피부의 산성도는 남성의 경우(pH 4.5 ~ 6) 여성(pH 5 ~ 6.5)보다 낮고, 피부신진대사가 왕성한 청장년기가 신생아나 노년기에 비해 낮다. 피부유형의 산성도는 지성피부의 산성도(pH 4.5~5)가 정상피부에 비해 낮고, 건성피부는(pH 6 ~ 6.5) 정상피부보다 높다. 이와 같이 피부는 약산성의 피지막으로 산에는 비교적 강하나 알칼리에는 약하다. 따라서 알칼리성 물질이나 알칼리성 비누 사용 시 피부의 산성도가 파괴되어지는데 이때 피부의 피지막은 알칼리성을 중화해 원래의 pH로 돌아가려는 힘이 있다. 이를 피부의 알칼리 중화 능력이라고 한다. 그래서 관리시 또는 자가 세안을 한 후 토너(toner)를 바르는 이유는 피부의 중화 반응을 돕기 위함이다.

피부분석표(예시)

수험번호	1000652	수험자	김 영 희	감독관확인	
고객정보	성명	홍순정	생년월일	1974. 09. 10	
	직업	주부	성 별	□ 남성 ■ 여성	

1. 피부분석

1) 피부결	□ 곱다 □ 보통 ■ **거칠다** □ 복합성( )
2) 피부보습	□ 좋다 □ 적당하다 ■ **나쁘다** □ 아주나쁘다
3) 피지량	□ 과다 □ 적당 □ 부족 ■ **복합성(티존 부위)**
4) 피부탄력	□ 좋다 ■ **보통** □ 나쁘다
5) 피부민감도	■ **정상** □ 예민 □ 매우 예민
6) 피부주름	■ **잔주름** ■ **나이주름** □ 표정주름
7) 피부타입	□정상 □ 건성 □ 지성 ■ **복합성**
8) 피부문제점	그림표시

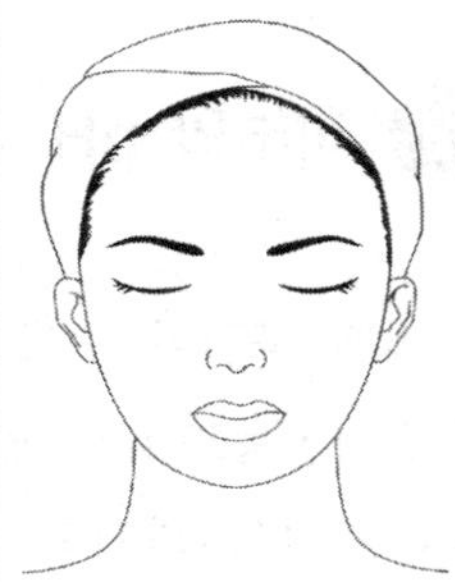

2. 피부관리계획 점검 항목

1) 관리목적 및 기대효과	유·수분 밸런스를 맞추어 촉촉하고 건강한 피부를 만들고, 노화예방 및 피부 문제를 개선한다.
2) 클렌징	□ 오일 □ 크림 ■ **밀크/로션** □ 젤 □ 기타( )
3) 딥클렌징	■ **고마쥐** □ 효소 □ 스크럽 □ AHA □ 기타( )
	□ 스티머 □ 후리마톨(brushing)
4) 손을 이용한 관리 시 제품 타입	■ **오일** □ 크림 □ 젤 □ 앰플 □ 기타( )
5) 관리형태	■ **일반** □ 아로마 □ 림프 □ 기타( )
6) 마스크/팩	□ 크림 타입 팩 ■ **파우더 타입 팩** □ 젤 타입 팩 □ 석고마스크
	□ 모델링마스크 □ 콜라겐마스크 □ 기타 ( )
7) 고객관리계획	
8) 작업 후 자가 관리 조언	

피부분석표 점검 항목(아래 항목 중 결정)

피부타입	건성	중성	지성	복합성	예민
1) 피부결	• 거칠다 • 부드러워 보이나 윤기가 없다.	• 곱다 • 보통	• 보통 • 복합적이다.	• 보통 • 거칠다 • 복합적이다	• 부드러우나 윤기가 없다. • 거칠다 • 보통
2) 피부보습	• 아주 나쁘다	• 좋다	• 좋다	• 적당	• 나쁘다
3) 피지량	• 부족	• 적당	• 과다	• 복합(티존)	
4) 피부탄력	• 보통/나쁘다/좋다	• 좋다	• 나쁘다/보통	• 보통/나쁘다	• 보통/나쁘다
5) 피부민감도	• 예민	• 정상	• 보통	• 보통/정상/예민	• 매우 예민
6) 피부주름	• 잔주름/나이주름	• 표정주름	• 표정주름 • 나이주름	• 나이주름	

피부타입	건성피부	중성피부	지성피부	복합성피부	예민피부
클렌징	☐ 오일 ☐ 크림 ■ **밀크/로션**	☐ 크림 ☐ 크림 ■ **밀크/로션**	☐ 젤 ■ **밀크/로션**	☐ 젤 ■ **밀크/로션**	☐ 젤 ■ **밀크/로션**
딥클렌징	■ **효소**	☐ 효소 ■ **AHA**	■ **스크럽** ☐ 고마쥐	■ **고마쥐** ☐ AHA ☐ 스크럽	■ **효소**
손을 이용한 관리시 제품 타입	■ **크림**	■ **오일** ■ **크림**	■ **오일**	■ **오일**	■ **크림**
관리형태	■ **일반**	■ **일반**	■ **일반**	■ **일반**	■ **일반**
마스크/팩	■ **크림 타입 팩**	■ **파우더 타입 팩**	■ **파우더 타입 팩**	■ **파우더 타입 팩**	■ **크림 타입 팩**

1번과 7번은 별첨

피부타입별 관리목적과 관리계획 및 자가관리 조언(예시)

1 건성피부

① **특징** : • 윤기가 없으며 보송보송하게 보인다. 모공이 작다.
• 거칠고, 윤택함이 없어 보인다.
• 피지생산이 감소한다.
• 투명도는 상승한다.
• 보습은 감소하고, 탄력성이 좋다.
• 주름이 생길 경향이 많고, 잔주름이 있다.

② **피부타입** : ebs 교재 참고 P 180

1) 관리목적 및 기대효과

목적	(1) 피부의 수분부족 현상 개선 (2) 잔주름 및 피부 노화를 예방
기대효과	(1) 수분공급을 통해 민감해 지는 것을 예방 (2) 피부를 부드럽고 윤택하게 해준다. (3) 유·수분 밸런스를 맞추어 피부를 촉촉하게 유지시켜 준다. (4) 노화예방 및 피부 문제를 개선한다.

2) 고객관리계획

관리 회수	주2회 영양관리를 집중적으로 한다.
클렌징	노화된 각질을 자극 없이 제거하기 위해, AHA나 효소를 사용하여 딥클렌징 한다.
매뉴얼 테크닉	영양이 풍부한 너리싱 크림으로 손을 이용한 손질을 하되 자극적인 마찰은 피한다.
팩	보습강화를 위해 콜라겐 등 보습성이 뛰어난 영양팩을 사용한다.
마무리	보습력을 강화하기 위해 콜라겐이 풍부하게 함유된 에몰리엔트 스킨, 영양유액과 아이크림, 크림을 발라준다. 썬프로텍트제품을 바르고 마무리 한다.
참조	피부상태에 따라 건선, 부분적 색소침착, 혈관확장이 있는 경우도 있다.

3) 작업 후 자가 관리 조언

세안	보습도가 높은 세안제를 사용하며, 많은 마찰은 피한다.
기초제품 조언	알콜이 없는 제품을 사용하고 , 영양과 유분이 풍부한 제품으로 기초손질을 한다.
생활습관 조언	• 물을 많이 마시고, 영양이 풍부한 음식과 비타민 등을 섭취한다. • 뜨거운 물이나 차가운 물에 세안을 자제한다. • 햇빛, 강한 바람, 강한 열을 주의한다. • 일주일에 2~3회 영양크림으로 마사지해주고, 영양팩으로 해준다. • 눈가와 입가의 잔주름 방지를 위해 아이크림을 매일 아침저녁으로 바른다. • 건조하고 예민한 부위에는 수시로 영양에센스를 바른다.

2 중성피부

① **특징** : • 피지와 땀의 분비가 정상이며 기능적으로 활발한 상태
• 피부에 탄력이 있고 윤기가 난다.
• 피부가 장미 빛으로 혈색이 좋다.
• 모공은 작아 눈에 띄지 않는다.
• 보습도(Turgo), 탄력성(tonus), 투명도(transparenz)가 좋다.

1) 관리목적 및 기대효과

목적	과각화가 일어나지 않도록 피부의 보습상태를 적절하게 유지시킨다.
기대효과	(1) 피부를 맑고 투명하게 유지시킨다. (2) 혈액순환을 촉진시켜 노화를 지연시키는 효과를 얻을 수 있다.

2) 고객관리계획

관리 회수	주1회
클렌징	가벼운 각질정리를 위해 AHA나 효소를 사용하여, 노화된 각질을 자극 없이 제거한다.
매뉴얼 테크닉	수분함유량이 높은 크림을 사용하여 혈액순환을 촉진시켜준다.
팩	수분팩, 또는 크림 팩으로 유·수분 밸런스를 유지시켜준다.

3) 작업 후 자가 관리 조언

세안	미온수로 거품을 충분히 내어 여러 차례 행구어 준다.
기초제품 조언	계절에 맞게 화장품의 보습도를 조절하여 사용한다.
생활습관 조언	• 규칙적인 기초손질만으로도 충분히 건강한 피부를 유지할 수 있다. • 주 1회 각질정리를 하고, 보습 팩을 해준다.

3 지성피부

① **특징** : • 과도한 피지생성으로 수분이 부족해지기도 하고, 세균에 감염되거나 면포, 구진, 농포가 생기기 쉽다.
- 보습도나 탄력성은 대체로 좋고, 나이주름이나 표정주름은 약간 생길 수 있으나 건성피부보다 적다.
- 피지분량이 많아 번들거리고 피부가 두꺼워 보인다.

1) 관리목적 및 기대효과

목적	피지분비량을 조절하여 유·수분 밸런스를 맞추고, 피부를 맑고 투명하게 개선시켜 준다.
기대효과	(1) 모공의 노페물 및 노화된 각질 제거를 통한 피부 생리 활성화 (2) 피부의 수분공급을 강화시켜준다. (3) 피부 칙칙함을 개선한다.

2) 고객관리계획

관리 회수	주1회
클렌징	스크럽제를 이용하여 피부의 노화된 각질뿐만 아니라 모공속의 피지를 제거시켜 준다.
매뉴얼 테크닉	천연오일을 이용해 혈액순환을 촉진시켜준다. 오일과 함께 여분의 피지를 제거하고, 노폐물 배설 등을 용이하게 도와준다.
팩	피지 흡착 및 수분공급 기능이 있는 팩을 적용하여 생리적 활성을 도와준다.

3) 작업 후 자가 관리 조언

세안	주 1~2회 스크럽제를 이용하여 세안한다.
기초제품 조언	수렴작용이 있는 화장수를 사용하고, 젤 타입이나 오일감이 없는 가벼운 느낌의 기초제품을 사용하도록 한다.
생활습관 조언	• 지성피부 전용 팩을 사용하여 과도한 유분생성을 억제하도록 한다. • 유·수분 밸런스를 정상화 해준다. • 지방성분이 많은 음식이나, 인스턴트 음식류를 자제하도록 권한다.

4 복합성피부

① **특징** : • 부분적으로 번들거림(T-zone)
• 볼부위(얼굴바깥쪽)은 건조하며 거칠다.
• 화장이 잘 받지 않고, 피부트러블이 생기기 쉽다.
• 피지는 많으나 수분이 부족한 상태이다.

② **피부타입** : ebs 교재 참고 P180

1) 관리목적 및 기대효과

목적	수분관리를 통해, 유·수분 밸런스를 정상화 시킨다.
기대효과	(1) 거칠은 피부를 고르게 해주며, 과도한 피지분비량을 감소시켜준다. (2) 부분적으로 과잉 생성되는 피지 조절 (3) 부분적으로 건조한 부분의 수분 및 영양 공급

2) 고객관리계획

적당한 수분과 유분을 공급하여 주는데 초점을 맞추도록 한다.

관리 회수	주 2회
클렌징	• T존과 U존을 나누어 각기 타입에 맞게 적용한다. • 고마쥐를 이용하여 거칠은 부위의 각질을 제거하고, 피지 분비량을 감소시켜 준다.
매뉴얼 테크닉	• 천연오일을 사용하여 거칠은 피부를 자극없이 진정시켜준다. • 유수분의 균형을 맞추고, 피지분비량을 정상화 시켜준다.
팩	• 유분이 많은 부위(이마, 코, 턱)는 지성용 파우더 팩을 사용한다. • 거칠은 부위는(눈, 볼, 입주위) 크림 영양팩을 사용하여 유수분의 균형을 맞추어 준다.

3) 작업 후 자가 관리 조언

세안	유분이 많은 부위는 스크럽제 등을 주2회 사용하여, 항상 청결하게 관리한다. U존은 스크럽제의 과잉 사용을 하지 말고, 일반 폼클렌저를 사용하도록 권한다.
기초제품 조언	• 보습성이 강한 팩으로 주 2회 적용하도록 권해준다. • T존과 U존의 적용제품을 다르게 하여 사용한다.
생활습관 조언	스트레스성 피부 자극이 있을 수 있으므로, 스트레스 해소를 위한 건강식, 운동을 권한다.

5 민감성피부

① **특징** : • 지속적으로 빨개짐, 홍반, 혈관확장이 보임. 피부가 얇아 혈관이 보이며, 당기는 듯함.
• 최근에는 복합성이나, 건성피부에도 민감함을 동반하는 경우가 많다. 이런 경우 민감성으로 분류하여 관리한다.

② **피부타입** : ebs 교재 참고 P180

1) 관리목적 및 기대효과

목적	확장된 혈관이나 피부 붉음을 진정시키고, 보습을 주어 정상적이고 건강한 피부 상태를 유지함에 있다.
기대효과	(1) 자극 및 알레르기 반응의 감소, 피부를 건강하고 윤택하게 개선시켜 준다. (2) 수분공급 및 혈액순환 촉진을 통해 피부를 점차 안정시켜준다.

2) 고객관리계획

관리 회수	주 2회
클렌징	마찰이 적은 효소를 이용하여 노화된 각질만 선택적으로 제거한다.
매뉴얼 테크닉	• 온습포나 버퍼라이저 같은 열이나 자극적인 마찰은 피한다. • 진정성분이 있는 너리싱 크림을 사용한다. • 림프드리나쥐 등 피부 면역을 높여주는 방법을 선택하여 가볍게 손질해 준다.
팩	전정용 젤, 민감성 전용 팩을 사용한다.
참조	홍조, 혈관확장, 거칠음, 건조, 아토피 등을 동반할 수 있다.

3) 작업 후 자가 관리 조언

세안	클렌저를 물에 타서 끼얹 듯 세안하도록 한다.
기초제품 조언	• 자극적인 마찰은 피하도록 한다, • 알콜이 많은 화장수, 스크럽제 등을 피한다. • 주 2회 수분 팩을 권해준다. • 제품선택시 팔안쪽에 패치테스를 한후 자극이 없을 때 사용하도록 한다.
생활습관 조언	지속적인 보습 관리가 필요하며, 영양 관리에도 적극적으로 신경써야 한다.

CHAPTER

04 피부관리계획 작성

상담(counseling)이란 서로 말을 주고받는다는 의미를 포함하고 있으나 단순히 대화, 설교 혹은 토론과는 차이가 있다. 상담이란 도움을 필요로 하는 사람(내담자, client)이 전문적인 경험과 지식을 갖추기 위해 일정 훈련을 받은 사람(상담자, counselor)과의 촉진적인 관계형성을 통해 이루어진다. 상담자는 고객의 성격, 심리상태, 생활환경 등을 이해하고 물심양면으로 고객의 고민을 풀어주는 중요한 역할이 있다. 그러함으로써 개인의 문제들을 해결해 나가고, 자신에 대한 이해를 증진시킴으로 개인의 성장촉진과 적응력 향상으로 나아진 결과를 얻을 수 있게 하는 중요한 목표라 하겠다.

상담을 촉진시킬 수 있는 관계 형성을 위해 기본적으로 상담자의 중요한 기본적인 자질이 필요한데 그것이 면담기법이다. 첫째로 내담자의 고통스런 감정, 불안정한 심리상태를 공감할 수 있어야 하며, 둘째로 내담자의 행동이나 생각, 부정적 감정에 대해 상담자 자신의 가치관이나 기존의 사회적 가치관의 잣대로 평가하지 말고 긍정적으로 존중하면서 수용해야 하며, 셋째로 인간적으로 상담자가 내담자를 진실한 태도로 대해주며 내담자와의 신뢰형성구축에 힘써야 한다. 이후 본격적인 문제 해결과정에 중요한 토대가 된다.

피부 관리실에서의 상담은 각종 피부 문제와 그 원인을 정확히 파악하여 이를 대처해 나가는데 중점을 두어야 하며, 피부 관리실로 위로를 받으러 온 고객을 잘 어루만진다는 이념을 갖고 관리하겠다는 사랑하는 마음과 진심을 통해서 그들에게 자신감을 부여하고 긍정의 힘을 정확하게 심어주어야 한다.

피부 관리에 앞서 고객 상담을 통해 구분할 줄 알아야하는 중요한 것이 피부 분석이다. 피부관리사로서 피부 관리에 대한 기본 지식과 정확한 피부타입을 식별하여 각각에 맞는 관리방향을 잡고 계획할 줄 아는 체계적 관리가 필요하다. 노련한 피부 분석을 통한 전문적 차트작성 능력과 피부 식별 및 정확한 진단이 이루어진 후 관리가 들어가야 좋은 효과를 기대할 수 있을 것이다. 그러므로 피부 관리의 시작은 피부를 정확히 분석하는데서 비롯됨을 알 수 있다. 피부 관리는 피부를 보고 그 증상을 명료하게 파악할 줄 알아야 하고, 화장품에 대한 이해를 완벽하게 해 놓음으로써 이를 적절히 선택하여 피부 타입에 맞게 올바른 방법으로 사용해야 하며, 그리고 실제적인 피부 관리 테크닉에 들어가는 것이다.

피부 관리 효과를 극대화시키기 위해서는 위의 모든 것도 중요하지만 고객을 교육시킬 줄 알아야 한다. 아무리 관리실에서 관리가 완벽하다고 한들 가정으로 돌아가 잘못된 습관을 고치지 않고 그대로 한다면 100% 효과를 기대할 수 없을 것이다. 관리도 중요하지만 교육의 중요성은 이토록 크다. 피부는 주인이 해 준만큼 꼭 나타나게 되어 있다. 식물도 사랑하는 마음을 갖고 키우면 더 잘 자라듯이 피부도 예뻐한 만큼 좋아진다. 고객께 더욱 사랑과 관심을 갖고 Home care의 중요성을 인식시키고 스스로 관리할 수 있게 도와주는 것이 최고의 고객관리라 할 수 있겠다.

1 고객 상담

1) 고객과의 상담

① 상담을 통해 고객의 성격과 피부 상태, 신체적 특징을 파악한다.
② 피부 관리실을 방문하게 된 경로와 동기를 체크한다.
③ 피부 관리 시 고객의 요구사항에 대해 자세히 알아본다.
④ 고객의 요구사항을 잘 들어주고 피부 관리의 방법과 절차 등에 관해 차분히 설명하며 고객의 이해를 구한다.
⑤ 일상생활에서의 잘못된 생활습관, 식습관 등의 주의할 점을 조언해 주고 shop treatment와 home care가 병행되어야만 더 큰 효과가 있음을 이해시킨다.
⑥ 상담실은 독립된 공간을 가지도록 하고 실내장식도 고객이 편안한 느낌을 가질 수 있도록 한다.
⑦ 시간을 여유 있게 두고 조용한 분위기에서 상담하는 것이 효과적이다.
⑧ 관리 시 진행정도를 알려주며 관리사가 고객에게 늘 관심을 갖고 있다는 것을 표명한다.

⑨ 신뢰감과 자신감을 주어 관리사에게 자신의 피부를 편안하게 맡길 수 있도록 유도하고, 관리가 끝난 후에도 지속적인 방문을 할 수 있도록 노력한다.

2) 상담 진행의 실제

① 고객이 방문하는 첫날엔 30분 이상 여유 있게 상담하도록 한다.
② 본인의 문제를 편안하게, 많이 이야기 하도록 유도한다. 예를 들어 거울을 볼 때 가장 신경이 쓰이는 부위라든가, 개선하고 싶은 자신만의 문제점 등이다.
③ 문제성 피부는 시작된 시기를 알아본다.
④ 기존에 관리는 어떻게 하고 있는지 여부를 체크한다. 피부 관리실을 다닌 경험 및 시기, 병원 관리 경험, 집에서의 자기관리 여부
⑤ 화장품의 올바른 선택에 대해 조언하고 사용방법도 알려준다. 차후에 집에 있는 화장품을 피부 관리실에 가져오게 하여 도움을 준다.
⑥ 피부 알레르기 여부, 아토피 피부 여부 확인
⑦ 얼굴이 붉어지는 시기와 정도를 체크한다.
⑧ 관리사의 말을 잘 들으면 효과가 있음을 강조하고 확신을 준다.
⑨ 막연한 말은 하지 않고 필요한 말만 한다.
⑩ 1회 때 우선 효과를 만들어 준다. 문제성 피부의 경우 첫날 관리 때 각각 다른 최선의 관리방법으로 확실한 효과를 느낄 수 있게 해준다. 예를 들어 기미 피부 에 각질관리를 우선으로 해준 다음 고무팩을 목까지 발라준다.
⑪ 5회쯤 관리 후 효과가 더디거나 별로 없을 때 상담을 길게 한다. 하루 일과를 꼼꼼히 체크해준다. 이런 경우는 자기 관리와의 상승효과가 없는 경우가 많다.
⑫ 8~9회 때 호전현상을 만들고 수시로 칭찬해준다.
⑬ 장기적으로 관리한 고객에게 자기 문제점을 파악하게 해주고 자기 관리를 할 수 있게 도우며 관리 횟수를 감소시키고 평생 관리의 중요성을 인지시킨다.

3) 고객 관리카드 작성

(1) 고객 신상 카드

① 카드 작성 시 직업은 구체적으로 기입한다. 근무처, 전화번호 등
② 가족상황 및 고객의 특기, 취미 등도 기입한다.

③ 개인의 신상과 이미 사용하고 있는 제품의 종류, 피부 관리실에 오는 목적 및 피부 문제점, 질병 등 피부 관리에 도움이 될 만한 모든 사항을 빠짐없이 기입한다. 또한 고객의 생일을 알아두어 축하해 주는 일도 고객관리이다.

(2) 피부 유형 진단 카드

① 피부에 나타나는 면포, 농포, 구진 등의 피부 문제와 모세혈관 확장 정도 및 점, 주근깨, 기미, 흉터 등의 피부장애를 구체적으로 기록한다.
② 피부 관리 시 종합의견을 피부의 유형에 맞춰 기록한다.
③ 피부유형과 함께 체형은 어떤 타입인지 유형에 따른 표시를 한다.

(3) 고객 피부 관리 기록 카드

① 날짜를 기입 후 관리 절차에 따라 사용한 제품명과 사용 기기명도 함께 기록하여 둔다.
② 관리사 칸에는 당일 해당 관리사의 이름을 적어둔다.
③ 가정에서의 관리도 따로 칸을 만들어 고객 스스로가 가정에서의 관리도 병행할 수 있도록 전문가적 조언을 기록한다.
④ 관리 전과 후의 모습을 비교할 수 있도록 사진을 찍어 붙인다.

2 피부 분석

1) 피부 분석의 실제

(1) 문진법

① 고객의 직업, 연령, 건강상태, 가족관계, 유전적 문제점, Life Style, 식습관, 운동습관, 피부 관리 습관, 사용 중인 화장품, 알레르기 유무, 성격 등의 답변을 상세하게 기록
② 피부증상, 생리주기, 피임방법 등 구체적인 사항 체크

③ 고객의 입장에서 쉽게 대답할 수 있도록 배려
④ 사생활은 너무 꼬치꼬치 캐묻지 않는다. 고객이 원하지 않을 때는 생략

(2) 촉진법

① 객관적인 상황에서 촉감을 통한 피부 판별법으로 만져보거나 눌러봄
② 피부 예민성의 정도 관찰
③ 피부 탄력성 체크
④ 피부두께, 피부결 체크
⑤ 유, 수분의 함량 관찰

(3) 견진법

① 선입견을 갖지 않은 상태에서 확대경이나 육안으로 피부를 판별
② 세안 후에 진단
② 피부색, 피부조직의 입자, 모공의 크기, 피부 투명도, 모세혈관 확장 정도 체크
③ 피부보습상태, 건조상태, 피지분비상태, 예민도 파악
④ 여드름 상태, 색소침착 상태 등 문제성 피부 파악

2) 실전 피부식별(Skin Analysis)

(1) 감작성 피부(Sensitized Skin)의 여부 체크

① **자각증상** : 소양증, 작열감
② **시각적** : 각질의 들뜸 현상, 붉게 얼룩진 피부, 약한 접촉성 피부염 등
③ Light Skin에 많고 모공이 작고, 각질이 얇은 피부가 특징
④ **원인**
  ㉠ 유전적 영향 : 면역기능의 약화로 약한 알레르기, 아토피 현상
  ㉡ 후천적 영향 : 음식문화, 환경, 수면부족, 생리전증후군, 임신, 출산, 스트레스, 야외활동, 두꺼운 메이크업 등의 이유로 발생
⑤ **관리** : 자극적인 음식은 물론 자극적인 습관을 자제하고, 화장품도 침투력이 약한 제품으로 조심스럽게 도포

(2) 기타 예민 피부 체크

홍반, 큐퍼로즈, 주사 피부 등

(3) 모공의 크기

① 피부색과 함께 모공이 크기는 유전에 의해 결정
② 피부색이 어둡고 모공이 큰 사람은 노화, 건성, 예민 피부는 덜 되나 착색에 의한 기미가 빨리 생기고 화장품을 바꿀 때 트러블 나기가 쉽다. 그러나 피부 회복력은 더 뛰어남
③ 피부색이 밝고 모공이 작은 사람은 육안 상 피부가 더 좋게 보이고 기미가 덜 생김
④ 모공의 크기와 피지의 양도 관계가 있는데 남성이 여성보다 피지의 양이 많기 때문에 덜 늙게 됨

(4) 노화정도

① 노화가 더 될수록 감작성 피부가 덜 됨
② 각질층이 두꺼워지므로 예민도는 떨어짐

3) 계절별 피부 분석

(1) 봄

추운 겨울을 지냈기 때문에 피부는 온도나 자극에 민감한 상태이다. 겨울의 차가운 공기와 따뜻한 실내의 온도에 의해 건조해진 공기로 피부는 지쳐 있고 공기 중 먼지나 꽃가루 등에 의해 알레르기가 유발된다. 또한 극심한 일교차로 피지분지가 증가되어 여드름성 요소가 생길 수 있다. 이 때 유·수분 밸런스를 유지시켜야 하며 자외선이 강해지므로 자외선 차단제를 발라주어야 한다. 또한 정기적인 마시지로 피부가 거칠어지지 않고 건조해지는 것을 방지해야한다. 이 시기에 소홀히 하면 피부는 탄력을 잃고 잔주름 형성 및 색소침착이 일어나게 된다.

가정에서의 관리도 특별히 신경써야 할 계절이며 특히 클렌징을 잘하여 피부 청결을 유지하고, 신선한 과일과 채소의 섭취, 충분한 휴식을 취한다.

(2) 여름

강한 자외선으로 인해 피부표면의 각질층이 두꺼워지고 높은 온도, 습도로 인해 피부는 많은 땀과 피지를 분비한다. 또한 검게 그을려진 피부의 표면에 색소침착도 뚜렷해진다. 실내의 에어컨 가동으로 실외와의 기온차가 심해져서 pH 역시 균형을 잃기 쉽다. 또한 땀과 자외선의 영향으로 신진대사 저하되어 세균 번식이 활발해지므로 피부는 지쳐 노화현상이 일어나게 된다.

어느 계절보다도 세안이 중요한 때이다. 산화된 피지가 모공에 쌓이고 피부 번들거림이 심해지므로 외출에서 돌아오면 바로 세안을 하되 딥클렌징이나 필링제를 규칙적으로 사용한다.

(3) 가을

가을에는 강렬한 잔광과 건조한 바람, 기온이 서서히 저하되는 현상으로 피부의 유, 수분량이 줄어들어 피부기능 저하와 피부가 거칠고 건조해짐을 느끼게 된다. 여름철의 더위로 인해 균형이 흐트러진 피부는 가을철이 되면 더욱 당기게 되고, 두터워진 각질은 하얗게 일어나고 윤기가 없어진다. 피부가 거칠고 건조한 현상은 피지와 땀의 분비가 줄어들기 때문이고 피부노화를 촉진시키는 원인이 된다. 또한 피부 당김 현상은 피부의 수분부족으로 잔주름 형성의 원인이 된다.

피부에 수분을 보충하기 위해 충분한 물의 섭취도 중요할뿐더러 피부에도 수분을 공급할 수 있도록 수분에센스나 수분크림 등을 사용한다. 그리고 마사지 시 고농축 에센스와 오일을 섞어 하게 되면 피부가 더욱 촉촉해진다.

(4) 겨울

기온이 낮아지고 실외의 찬바람, 실내의 건조로 인해 어느 때 보다 피부가 메마르고 거칠다. 기온이 낮아지면 신진대사 저하, 피부의 혈액순환 둔화로 피부가 거칠고 당김이 오며 버짐이 생기고 트기까지 한다.

겨울철 피부는 모든 기능이 저하되어 있는 상태로 피부 관리 시 기능의 활성화에 목적을 둔다. 보온은 물론이고 영양섭취, 유·수분을 많이 함유한 크림에 에센스를 몇 방울 섞어 쓰는 센스를 발휘하여 마사지와 팩을 한다. 낮은 기온으로 목욕이나 세안 시 뜨거운 물을 사용하기도 하는데 이는 피부에 자극을 주기 때문에 미지근한 물을 사용한다. 또한 스팀타올 후 냉타올 사용으로 피부의 균형을 잡아주고 화장수를 많이 적신 화장솜으로 피부를 닦아낸다. 그리고 외부 운동을 실시한 저녁 손질 시 피부진정을 우선으로 한다.

4) 피부 진단

(1) 피부색

① 붉은 피부

피부가 붉게 보이는 이유는 혈관 중 헤모글로빈의 색소가 피부 밖으로 투영되어 보이기 때문이다. 술, 커피, 탄산음료, 고추, 마늘 등의 자극적인 음식이나 향신료에는 혈관확장인자가 들어 있어 과다 섭취 시 피부를 붉고 거칠게 만들 수 있으므로 주의한다.

② 창백한 피부

안색이 창백하다는 것은 혈압이 낮고, 신진대사가 원활하지 않으며 내부질환, 적혈구 부족, 유전적 원인 때문이다. 얼굴에 활기가 없고 홍조 띈 모습도 보기 어렵다. 이 피부는 철분이 많이 함유된 음식을 섭취하고, 마시지를 통해 혈액순환을 시켜 혈색을 찾도록 해야 한다.

③ 회색빛 피부(어두운 피부)

각질이 너무 두터워지거나 지나친 흡연에 의한 니코틴의 흡수는 혈액순환 장애를 가져오고 비타민 C를 파괴한다. 니코틴이 체내에 축적되면 소화불량, 변비, 위장장애, 조기노화를 불러일으킨다. 또한 음주는 모세 혈관확장, 충혈을 초래하고 과음을 하면 땀과 피비분비를 증가시켜 위장과 간장장애를 유발하고 피부가 거칠어지며 조기노화가 오게 된다. 피부 관리를 하지 않는 사람의 경우에도 혈액순환이 나빠져 어두운 안색을 띄게 된다.

④ 누런 피부

간이나 쓸개의 질병이나 피로가 누적되면 피부의 분비물이 적어 피부가 건조하고 푸석푸석해 보이게 된다. 이때 휴식을 취하고 스트레스를 풀어 주는 것이 중요하다. 혈액에 담즙의 색소가 쌓여도 누런 안색을 띄게 된다. 이럴 때는 카로틴을 많이 함유하고 있는 귤, 오렌지, 당근, 고구마 등의 식품은 과다하게 섭취하지 말고 적당량 섭취한다.

(2) 피지분비상태

이마부분을 눌러 지방함유량의 여부를 확인한다. 지성피부인 경우 피부표면에 윤기가 흐르고 T-zone 부위와 뺨의 모공이 커진 것을 볼 수 있고, 피부는 두꺼워보이며 여드름성 요소가 띄기도 한다.

건성 지루성은 기름기는 많으나 피부 탄력감이 없고 잡티와 반점 등이 많아 지저분해 보이며 주름살도 많아 보인다. 그러나 지방함유량이 너무 적으면 피부표면의 죽은 각질을 접착시켜주는 피지량이 결여되어 각질층이 쉽게 떨어져나가 정상피부보다 표피가 더 얇게 된다.

(3) 모공의 크기

지성, 여드름 피부는 모공의 크기가 큰데 이를 방치하면 피부의 결체조직이 느슨해져 탄력성이 줄어들며 피부 처짐 현상이 나타난다. 예민 피부는 일반적으로 입자가 고르며 모공이 눈에 잘 띄지는 않으나 외용연고를 잘못 사용하였을 경우에는 부분적으로 모공이 커져 있다. 얼굴의 이마, 코, 턱 부위를 우선적으로 체크하고 다음으로 볼 부위를 살핀 뒤 카드에 모공의 크기를 기록한다.

(4) 피부 보습량

얼굴의 피부타입을 결정짓는데 중요한 요인 중 하나인 피부 보습함유량을 잘 파악하여야 한다. 표피성 수분부족인가, 진피성 수분부족인가, 주름의 크기와 깊이 정도를 확인한다. 잔주름이 많이 생겼을 경우 피부의 각 세포에 습기가 없으며 건성피부가 됐다는 것을 의미한다. 장시간의 여행이나 실내가 건조한 경우 세포의 습기 함유량은 감소한다.

(5) 피부 탄력감

피부의 진피를 이루는 결합조직은 신체의 탄력성을 결정지으며 그것이 근육의 긴장감을 만든다. 피부세포의 대사활동으로 인해 생긴 노폐물을 제대로 배설하는 기능이 이루어지지 않으면 피부 내 독성 물질이 축적되어 결합조직의 조기노화를 가져오게 된다.

(6) 피부 예민도

피부의 반응상태에 따라 달라지는데 감작성, 붉음, 홍반, 모세혈관 확장성, 주사, 모세혈관 파열 등으로 관리 시 주의해야 한다.

(7) 피부 각질화

표피의 기저층에서 각질층까지의 성장과정이 각질화 과정으로 약 28일 걸리는데 피부결과 피부두께는 이 기간 동안의 각질화 과정이 어떻게 진행됐는가의 결과이다. 이 과정 중 박리현상이 정상적으로 주기에 맞게 이루어지면 정상피부로 유지되며 주기가 너무 빨라 박리현상이 빨리 이루어지면 표피가 얇아 예민성 피부가 되고 반대로 늦어지면 표피가 두꺼워 보이며 거칠고 지성피부로 발전한다.

(8) 피부의 투명도

정상피부는 피부결이 고와 표면이 매끄럽고 민감해 보이면서 투명성을 띈다. 반면 민감성 피부나 건성피부는 피부결이 고르고 살은 없지만 맑고 투명한 안색을 보인다. 그러나 두꺼운 피부는 피부결이 불규칙하고 거칠며 투명도 역시 떨어진다.

(9) 피부의 색소침착

기미, 주근깨, 갈색반점, 검버섯의 색소침착과 백피증, 백반증의 색소결핍 상태가 있다.

(10) 피부 여드름 상태

지루성, 건지루성 및 여드름성 피부로서 여드름의 진행, 여드름 흉터, 잡티, 홍반, 주사 등 얼굴 전체에 퍼져 있어 육안으로 확인할 수 있다. 여드름은 등급에 따라 1기에서 4기까지 있다.

고객관리계획차트(care plan chart)

관리목적 기대효과	**관리목적** **기대효과**
클렌징	☐ 오일 ☐ 크림 ☐ 밀크/로션 ☐ 젤
딥클렌징	☐ 고마쥐(gommage) ☐ 효소(enzyme) ☐ AHA ☐ 스크럽(scrub)
매뉴얼테크닉 제품타입	☐ 오일 ☐ 크림 ☐ 앰플
손을 이용한 관리형태	☐ 일반 ☐ 아로마 ☐ 림프
팩(pack)	T존 : ☐ 건성타입 팩 ☐ 정상타입 팩 ☐ 지성타입 팩
	U존 : ☐ 건성타입 팩 ☐ 정상타입 팩 ☐ 지성타입 팩
	목부위 : ☐ 건성타입 팩 ☐ 정상타입 팩 ☐ 지성타입 팩
고객관리 계획	1주차 2주차 3주차 4주차
자가관리 조언 (홈케어)	

고객관리계획차트(care plan chart)

관리목적 기대효과	**관리목적** 정상피부 유지를 위한 클렌징과 보습 관리 및 정상 pH 유지, 유 · 수분 공급으로 정상피부를 유지하도록 관리한다. **기대효과** 주름이나 색소침착이 생기지 않도록 예방 차원에서 현재의 피부를 유지할 수 있다.
클렌징	☐ 오일 ☐ 크림 ☐ 밀크/로션 ☐ 젤 (피부상태에 따라 모든타입의 관리 가능)
딥클렌징	☐ 고마쥐(gommage) ☐ 효소(enzyme) ☐ AHA ☐ 스크럽(scrub) (피부상태에 따라 모든타입의 관리 가능)
매뉴얼테크닉 제품타입	☐ 오일 ☐ 크림 ☐ 앰플 (피부상태에 따라 모든타입의 관리 가능)
손을 이용한 관리형태	☐ 일반 ☐ 아로마 ☐ 림프 (피부상태에 따라 모든타입의 관리 가능)
팩(pack)	T존 : ☐ 건성타입 팩 ☐ 정상타입 팩 ☐ 지성타입 팩 U존 : ☐ 건성타입 팩 ☐ 정상타입 팩 ☐ 지성타입 팩 목부위 : ☐ 건성타입 팩 ☐ 정상타입 팩 ☐ 지성타입 팩
고객관리 계획	**1주차** 정상-가벼운 각질정리와 알로에와 세라마이드 성분이 함유된 제품을 사용하여 보습관리한다. 건성-효소를 이용한 각질정리와 히아루론산과 콜라겐 성분이 함유된 제품을 사용하여 보습관리한다. 지성-AHA, BHA 성분을 사용하여 각질관리하고 수분을 공급해 준다. **2주차** 정상-혈액순환을 촉진시켜주는 부드러운 매뉴얼테크닉과 수분관리한다. 건성-혈액순환을 촉진시켜주는 부드러운 매뉴얼테크닉과 유수분 공급관리한다. 지성-클레이와 머드성분이 함유된 제품을 사용하여 피부결을 정리하고 청정관리한다. **3주차** 정상-보습을 위한 앰플을 사용하여 영양공급 관리한다. 건성-보습을 위한 앰플을 사용하여 영양공급 관리한다. 지성-위치하젤과 캄퍼성분의 제품을 사용하여 모공관리한다. **4주차** 정상-재생관리를 시행하고 2차 마스크는 콜라겐 벨벳 마스크를 한다. 건성-노화방지를 위한 관리를 시행하고 2차 마스크는 콜라겐 벨벳마스크를 한다. 지성-수분 보습 관리를 시행하고 2차 마스크는 콜라겐 벨벳 마스크를 한다.
자가관리 조언 (홈케어)	**오전 - 미온수로 가볍게 세안 후,** 정상 : 유연화장수 → 수분에센스 → 아이크림 → 수분크림 → 자외선차단제 사용 건성 : 유연화장수 → 보습에센스 → 아이크림 → 보습크림 → 자외선차단제 사용 지성 : 수렴화장수 → 피지조절에센스 → 아이크림 → 피지조절크림 → 자외선차단제 사용 **저녁-클렌징 후,** 정상 : 유연화장수 → 재생에센스 → 아이크림 → 보습크림 사용 건성 : 유연화장수 → 고농축 에센스 → 아이크림 → 영양크림 사용 지성 : 수렴화장수 → 피지조절에센스 → 아이크림 → 피지조절크림 사용 〈기타〉 정상 : 주1회 보습팩/수분팩 권장. 사우나제한, 충분한 수면, 가습기사용으로 실내습도를 조절 건성 : 주1회 보습팩/영양팩 권장. 사우나제한, 충분한 수면, 가습기사용으로 실내습도를 조절 지성 : 주1회 딥클렌징/클레이팩 권장. 과도한 딥클렌징은 제한, 규칙적인 생활습관을 제안

고객관리계획차트(care plan chart)

<table>
<tr><td>관리목적
기대효과</td><td>관리목적
정상피부이므로 현재 피부를 유지시킬 수 있는 보습관리를 한다.
건성피부이므로 유수분의 밸런스를 맞춰주는 보습관리를 한다.
지성피부이므로 모공 청결과 수렴을 중점으로 하는 모공관리와 수분관리를 한다.
기대효과
정상피부 – 현재의 피부가 유지되어 노화를 지연시킨다.
건성피부 – 건조함을 막아 주름 형성을 지연시키고 노화피부로의 진행을 막는다.
지성피부 – 피지로 인한 피부트러블이나 여드름으로 발전되지 않도록 하며 안색을 좋게 하고 깨끗한 피부가 되도록 한다.</td></tr>
<tr><td>클렌징</td><td>☐ 오일 ☐ 크림 ☐ 밀크/로션 ☐ 젤</td></tr>
<tr><td>딥클렌징</td><td>☐ 고마쥐(gommage) ☐ 효소(enzyme) ☐ AHA ☐ 스크럽(scrub)</td></tr>
<tr><td>매뉴얼테크닉 제품타입</td><td>☐ 오일 ☐ 크림 ☐ 앰플</td></tr>
<tr><td>손을 이용한 관리형태</td><td>☐ 일반 ☐ 아로마 ☐ 림프</td></tr>
<tr><td rowspan="3">팩(pack)</td><td>T존 : ☐ 건성타입 팩 ☐ 정상타입 팩 ☐ 지성타입 팩</td></tr>
<tr><td>U존 : ☐ 건성타입 팩 ☐ 정상타입 팩 ☐ 지성타입 팩</td></tr>
<tr><td>목부위 : ☐ 건성타입 팩 ☐ 정상타입 팩 ☐ 지성타입 팩</td></tr>
<tr><td>고객관리 계획</td><td>1주차
정상 – 가벼운 각질정리와 알로에와 세라마이드 성분이 함유된 제품을 사용하여 보습관리한다.
건성 – 효소를 이용한 각질정리와 히아루론산과 콜라겐 성분이 함유된 제품을 사용하여 보습관리한다.
지성 – AHA, BHA 성분을 사용하여 각질관리하고 수분을 공급해 준다.
2주차
정상 – 혈액순환을 촉진시켜주는 부드러운 매뉴얼테크닉과 수분관리한다.
건성 – 혈액순환을 촉진시켜주는 부드러운 매뉴얼테크닉과 유수분 공급관리한다.
지성 – 클레이와 머드성분이 함유된 제품을 사용하여 피부결을 정리하고 청정관리한다.
3주차
정상 – 보습을 위한 앰플을 사용하여 영양공급 관리한다.
건성 – 보습을 위한 앰플을 사용하여 영양공급 관리한다.
지성 – 위치하젤과 컴퍼성분의 제품을 사용하여 모공관리한다.
4주차
정상 – 재생관리를 시행하고 2차 마스크는 콜라겐 벨벳 마스크를 한다.
건성 – 노화방지를 위한 관리를 시행하고 2차 마스크는 콜라겐 벨벳마스크를 한다.
지성 – 수분 보습 관리를 시행하고 2차 마스크는 콜라겐 벨벳 마스크를 한다.</td></tr>
<tr><td>자가관리 조언
(홈케어)</td><td>오전 – 미온수로 가볍게 세안 후,
정상 : 유연화장수 → 수분에센스 → 아이크림 → 수분크림 → 자외선차단제 사용
건성 : 유연화장수 → 보습에센스 → 아이크림 → 보습크림 → 자외선차단제 사용
지성 : 수렴화장수 → 피지조절에센스 → 아이크림 → 피지조절크림 → 자외선차단제 사용
저녁 – 클렌징 후,
정상 : 유연화장수 → 재생에센스 → 아이크림 → 보습크림 사용
건성 : 유연화장수 → 고농축 에센스 → 아이크림 → 영양크림 사용
지성 : 수렴화장수 → 피지조절에센스 → 아이크림 → 피지조절크림 사용
〈기타〉
정상 : 주1회 보습팩/수분팩 권장. 사우나제한, 충분한 수면, 가습기사용으로 실내습도를 조절
건성 : 주1회 보습팩/영양팩 권장. 사우나제한, 충분한 수면, 가습기사용으로 실내습도를 조절
지성 : 주1회 딥클렌징/클레이팩 권장. 과도한 딥클렌징은 제한, 규칙적인 생활습관을 제안</td></tr>
</table>

고객관리계획차트(care plan chart)

비번호	형별	시험일자 20 . . .(부)
관리목적 기대효과	**관리목적** **기대효과**	
클렌징	☐ 오일 ☐ 크림 ☐ 밀크/로션 ☐ 젤	
딥클렌징	☐ 고마쥐(gommage) ☐ 효소(enzyme) ☐ AHA ☐ 스크럽(scrub)	
매뉴얼테크닉 제품타입	☐ 오일 ☐ 크림	
손을 이용한 관리형태	☐ 일반 ☐ 림프	
팩(pack)	T존 : ☐ 건성타입 팩 ☐ 정상타입 팩 ☐ 지성타입 팩	
	U존 : ☐ 건성타입 팩 ☐ 정상타입 팩 ☐ 지성타입 팩	
	목부위 : ☐ 건성타입 팩 ☐ 정상타입 팩 ☐ 지성타입 팩	
마스크	☐ 석고 마스크 ☐ 고무모델링 마스크	
고객관리 계획	**1주차** **2주차** **3주차** **4주차**	
자가관리 조언 (홈케어)	**제품을 사용한 관리** **기타**	

CHAPTER 05 피부미용 작업장 위생관리

1 피부관리사의 이미지

의사들이 처방하는 의약품이나 각종 의료 기구보다도 더 안전하고 자연친화적인 방법으로 인간의 피부를 탱글탱글하고 건강하게 가꾸어 주는 사람들이 바로 현대의 피부관리사이다. 과거의 피부 관리와 현재의 피부 관리 개념은 아주 다른 양상을 보이고 있다. 더 많은 노력과 배움의 길을 좇아 연구에 연구를 거듭한다. 끊임없이 화장품과 피부에 대해 공부하고 연구하며 피부에 미쳐있어야 가능할 일일 것이다. 결과로 현재 피부 관리의 수준은 완전한 전문 직종으로 자리 잡혀 있고, 그 노력을 바로 피부관리사들이 자신들의 몫으로 더욱 발전시켜 나간 것이다.

우리가 속한 이 사회는 하루가 다르게 무서운 속도로 변화, 발전되고 있다. 동시에 각종 정보와 지식들이 무더기로 쏟아져 나오고 있으며, 우리는 이 세상에서 살아남기 위해 발 빠르게 움직이고 적응하고 있다. 인터넷의 발달로 일반 사람들도 전문가 못지않은 전문적 지식으로 전문가들 앞에서 당당히 요구하고 있다. 이 시점에서 피부관리사들은 그보다 앞선 지식을 터득하고 설명할 수 있어야 한다.

피부관리사들이 가져야 할 덕목 중에 하나가 지혜로움이다. 이것은 그냥 주어지는 것이 아니라 많은 경험과 노하우, 바른 지식을 통해 이루어진다. 절대 바뀌지 않을 것 같은 과학적으로 입증된 지식들도 과학이 점점 발달함에 따라 거듭된 연구로 인해 새로운 과학적 증명으로 밝혀지고 또 다른 측면의 결과로 입증될 때 우리가 알고 있었던 지식이 오류로 판정되는 난처한 상황에 국면하게 된다. 그러나 시대의 흐름에 따라서 우리가 알고 있는 지식들은 언제라도 바뀔 수 있다는 것을 인정하자. 혼란 속에 빠져 당황하거나 또는 인정하지 않고 끝까지 옛날 방식을 고집하지 말고 새로운 지식을 배우의 자세로 받아들일 수 있는 지혜를 가져야 한다. 이런 넉넉한 모습을 보임으로써 상대방으로 하여금 더욱 신뢰를 얻을 수 있고, 자기 발전과 나아가서는 피부 관리 영역의 발전을 위해서도 앞장설 수 있는 것이다. 우리는 변화해야 할 시기를 알고 움직일 줄 아는 지혜를 가져야 한다. 이것을 잘 이끌어 내는 사람이야말로 어떤 어려운 상황이 와도 잘 극복하리라 본다.

시대가 아무리 발전하여 기계화, 디지털화 된다고 해도 피부 관리는 인간의 직접적인 노동의 손길이 필연적으로 함께 해야 할 아날로그 방식이 병행되어야 한다. 기계적인 차가움보다는 인간적인 부드러움과 따스함이 베어 스킨쉽을 통한 고객 사랑을 실천해야 하는 장소가 바로 피부 관리실인 것이다.

피부관리사의 이미지는 그들을 믿고 자신의 소중한 피부와 몸을 맡기는 수많은 사람들을 건강한 피부로 가꾸어 그들의 삶에 활력을 불어넣어주고 행복한 인생을 가꿀 수 있도록 최선의 노력을 다하는 모습이다. 그러기위해서는 보다 좋은 환경과 서비스, 올바른 지식을 쌓고 시대에 맞춰갈 수 있는 센스를 갖추어 현시대 감각에 맞는 시설과 마케팅으로 철저히 무장하여 역동적인 피부관리사가 되어야 한다. 올바른 지식을 분별할 줄 아는 냉철한 판단력과 그 지혜를 행동으로 실천하고, 그런 이미지로서 고객과의 만남이 이루어지는 것이 바람직한 일일 것이다.

❷ 위생

1) 피부관리사의 개인위생

① 모든 면에서 항상 청결함을 유지한다.

② 매일 샤워를 하여 몸 냄새에 유의하고, 식사 후 이를 닦아 구취가 나지 않도록 한다.

③ 손톱이 길면 고객에게 불편을 끼칠 수 있으므로 짧고 매끄럽게 정리한다.

④ Polish의 화학성분이 화장품과의 접촉으로 유해한 작용을 할 수 있으므로 절대 바르지 않도록 한다.

⑤ 관리 전 따뜻한 물에 담궈서 깨끗이 씻고 항상 따뜻한 체온의 손을 유지한다.

⑥ 긴 머리는 관리 중에 손님의 피부에 접촉할 수 있으므로 깨끗하고 단정하게 하나로 묶고, 짧은 머리는 핀으로 고정하여 항상 단정하게 정리된 모습을 유지한다.

⑦ 너무 짙은 화장은 거부감을 줄 수 있으므로 가벼운 화장을 하는 것은 기본적인 예의라 할 수 있다.
⑧ 관리 시에 반지, 시계, 큰 귀걸이 등 불필요하거나 심한 장신구는 피한다. 관리 중 고객에게 상처를 줄 수 있고, 피부관리용 전기기계 사용 시 전류의 흐름을 방해하여 효과적인 관리가 되지 않을 수 있다.
⑨ 명찰을 달아 고객에게 관리사 자신을 알림으로 전문가로써의 신뢰감을 주며 책임 서비스를 지향한다.
⑩ 관리 가운은 전문가적 분위기나 직업을 표시해주고 본인의 자세를 교정시켜 준다. 밝은 색 계통의 깔끔한 위생복으로 단정하게 입는다.
⑪ 신발은 굽이 너무 높지 않고 소리가 나지 않는 편한 전문실내화를 착용한다.
⑫ 관리 시에 불필요한 말을 삼가하며 고객에게 항상 존칭어를 사용한다.
⑬ 손님과의 간격은 20 ~ 30cm 정도 유지하도록 하며 언제나 성의 있는 태도를 취한다.
⑭ 습진 등의 전염성 질환이나 신경장애가 없어야 한다.

2) 관리 시 위생

① 화장품은 손가락을 직접 사용하지 않으며 반드시 스파츌라(화장품 주걱)로 떠서 사용한다.
② 스파츌라 사용 전후엔 알코올을 적신 솜으로 소독한다.
③ 통에 들은 크림이나 팩은 덜어낸 후 공기 중 산화 방지를 위하여 즉시 뚜껑을 닫는다.
④ 필요한 만큼의 양만 퍼내도록 하며 한번 덜어낸 크림은 다시 용기에 담지 말아야 한다.
⑤ 제품 사용 시 주변에 흘리거나 떨어뜨리지 않도록 주의하여 사용한다.
⑥ 보습용 제품 등 부패하기 쉬운 제품들은 서늘한 장소나 화장품 냉장고에 주의하여 보관한다.
⑦ 여드름 관리 전후에는 항상 손을 깨끗이 씻는다.
⑧ 마사지 전후의 청결을 유지한다.
⑨ 관리 중간에 전화를 받을 때나 다른 물건을 만질 때 티슈로 감싸고 만지도록 한다.

3) 관리실 위생

① 관리실 내부환경은 부드럽고 밝은 색을 이용하여 실내 분위기를 편안하고 안정된 느낌이 들도록 꾸민다.

② 조명은 관리사 및 고객의 시력보호를 위해 간접조명이 바람직하며 주광색 램프 또는 조도조절 램프 등을 설치하여 고객이 베드에 누웠을 때 눈이 부시지 않도록 해준다.

③ 자연환기를 잘 시켜주고, 여의치 않을 경우에는 공기정화기나 환풍기를 설치한다. 그리고 비만, 썬탠실은 발한으로 땀 냄새가 나므로 피부 관리 공간과 별도로 만들고 환기가 잘되는 곳에 배치한다.

④ 고객의 편의를 위하여 냉난방시설이 있어야 하며, 고객이 예약시간 전에 미리 가동하여야 한다.

⑤ 바닥은 내수재로 설치하여 청소와 손질이 쉬워야 하며, 소음도 흡수할 수 있는 재질을 택하고, 골이 패인 재질과 카페트는 청결문제와 먼지가 발생하므로 삼가 한다.

⑥ 수도시설이 잘 갖추어져 있고, 냉, 온수의 사용이 편리해야 한다. 또한 물 사용량이 많으므로 상수도 수압 및 하수도 배출 상태를 확인해야 한다.

⑦ 화장실 및 샤워실은 되도록 관리실 내부에 위치하는 것이 고객들의 편의에 좋으며 하수구 냄새 및 청결에 힘쓴다.

⑧ 방음시설이 되어 있어 고객이 편안하게 쉴 수 있는 공간을 만들어 주면 좋다.

⑨ 고객용 가운과 관리 시트는 면 재질을 사용하며, 가급적 흰색이 위생관념상 좋다. 또한 자주 세탁하고, 정리 정돈을 잘한다.

⑩ 락카룸은 고객들이 탈의를 하는 곳이므로 항상 깨끗하게 청소되어 있어야 하며 도난방지를 위해 열쇠를 설치한다.

⑪ 휴지통은 베드마다 설치해야 하며 뚜껑과 1회용 봉투를 씌워 언제나 청결히 사용한다.

⑫ 자외선 소독기를 반드시 설치하고, 소독된 것과 소독되지 않은 것을 분리 보관해야 한다.

⑬ 모든 도구나 기자재는 매번 사용 후 소독하고 일회용 소모품은 한번만 사용 후 철저히 폐기한다.

⑭ 만일의 작은 사고에 대비해 응급처치를 위한 상비 구급용품을 잘 보이는 곳에 배치하여 둔다.

⑮ 경영자의 면허증 등을 눈에 잘 띄는 벽면에 걸어 두도록 한다.

3 피부관리사가 갖추어야 할 조건

1) 피부관리사의 인성의식

① 침착한 성품으로 관찰 능력 및 상대방에게 편안함을 줄 수 있어야 한다.
② 동작과 표정이 활기 있고 적극성을 가지고 있어야 하며 긍정적 사고방식을 가져야 하고 상대방에게도 긍정적 사고방식을 유도한다.
③ 항상 친절한 태도로 거만한 느낌을 주지 않는다.
④ 고객의 말을 끝까지 경청하고 대화에 있어서 반드시 대답을 해준다.
⑤ 고객의 입장에서 늘 먼저 생각하고 고객의 기분에 대해 늘 마음을 쓰며 고객 사랑의 마음을 갖도록 노력한다.
⑥ 제품준비 등 계획성 있는 행동을 한다.
⑦ 전문지식을 바탕으로 이론 및 기술의 질적 향상을 위해 항상 노력한다.
⑧ 피부관리사이자 교육자가 되어 필요시에 조언할 수 있는 능력이 있어야 한다.
⑨ 화장품의 성분 등 전문제품에 대한 공부를 철저히 하여 고객마다 피부타입에 맞는 화장품을 잘 선택하여 판매할 수 있는 능력이 있어야 한다.
⑩ 창조적 재능을 발휘하여 테크닉 외에도 개발의 능력을 갖춰야 한다.
⑪ 고객의 사생활 또는 결점을 봐도 침묵할 줄 아는 것이 배려이다.
⑫ 자신의 직업에 대한 자신감 있는 직업의식이 필요하다.
⑬ 다른 관리사들과의 갈등을 잘 관리하고 명랑한 분위기를 조성하여 좋은 인간관계 형성과 팀웍을 갖추도록 한다.

2) 예절

(1) 인사예절

① 인사는 일단 자연스러워야 한다. 상대방의 상황에 따른 적절한 자연스런 인사가 필요하다.
② 아침인사는 밝고 활기차게 저녁인사는 차분한 느낌을 주도록 한다.
③ 멀리서 상대와 눈이 마주쳤을 때 가볍게 목례 후 약 2m 정도 거리까지 다가서면 자연스럽게 다시 인사한다.

④ 앉은 상태에서는 상체를 곧게 펴고 상대방의 눈을 보며 가벼운 목례를 한다.
⑤ 연령에 따라서도 적절한 감정을 연출하여 상황에 맞는 인사를 한다.
⑥ 인사의 바른 자세는 밝은 미소를 띠우며 상대방의 눈을 보고, 등과 목을 반듯하게 펴고 허리부터 숙인다음 천천히 상체를 든다.
⑦ 인사와 더불어 상황에 맞는 자연스러운 인사말을 구사하고, 간결하면서 정성된 마음을 전할 수 있는 함축적인 인사말을 한다.

(2) 대화예절

① 언어 사용에 있어 중요한 것은 밝게, 적당한 속도와 발음으로 상냥하고 아름답게 사용한다.
② 말을 할 때에는 상대방의 입장을 충분히 고려하여 말하되 상대의 눈을 바라보며 바른 태도로 이야기한다.
③ 적극적인 자세로 시간, 장소, 목적에 맞게 말한다.
④ 상대방의 말을 들을 때 선입관이나 편견은 배제하고 상대방의 입장이 되어 들도록 한다.
⑤ 상대방의 눈을 바라보며 듣고 적절히 맞장구도 쳐준다.
⑥ 질문도 하고, 자신의 의견을 말하면서 말을 이어갈 수 있도록 유도한다.
⑦ 상대방에 따라 적절한 호칭을 사용한다.

(3) 전화예절

① 전화 상담은 고객접점의 제1선이며 관리실의 중요한 이미지가 된다.
② 기계 상의 발음은 좀 부정확하고 딱딱하게 들릴 수 있으므로 톤을 높여 정확한 발음으로 말한다.
③ 항상 마무리를 잘한다. 전화를 끊을 때 끝맺음 인사를 기분 좋게 한다.
④ 상대방이 전화를 먼저 끊은 것을 확인 후 살짝 내려놓는다.
⑤ 벨소리가 2번 이상 울리기 전에 신속하게 받는다.
⑥ 3번 이상 울린 후 받은 경우에는 죄송한 마음을 표시한 후 대화한다.
⑦ 전화를 받을 때 관리실의 이름, 전화 받는 사람의 이름을 밝힌다.
⑧ 전화를 받을 때 바로 메모할 수 있도록 항시 대기한다.
⑨ 전화상으로는 나이에 관계없이 경어를 사용한다.

⑩ 전화를 걸었을 경우 상대방의 전화 받을 수 있는 상태에 대하여 항상 묻는다.
⑪ 용건 전달 시 용건을 정확히 정리하여 전달한다.
⑫ 전화를 바꾸어 줄 때라든가 받을 사람이 부재중일 경우에도 예의 있게 정중히 양해를 구한다.
⑬ 전화가 잘 들리지 않을 때 차분한 어조로 다시 말씀해 주길 권유한다.
⑭ 전화가 잘못 걸려왔을 때도 상대방이 무안하지 않게 배려한다.
⑮ 잠시 통화를 중단한 다음 받을 때는 죄송함을 표현 후 본론에 들어간다.
⑯ 항의 전화가 올 경우 먼저 사과한 후에 대화한다.
⑰ 전화로 길 안내 시 방문객의 위치부터 파악하고 교통수단에 대해 언급하며 소요시간, 복수 경로도 알려준다.

4 서비스

1) 서비스란?

친절, 봉사를 통해 고객을 만족시키고, 그것을 통한 기쁨과 보람, 성취감을 느끼며 행동하는 것이다. 피부관리사도 일종의 서비스 직종이다. 오늘날 이 서비스는 더욱 중요한 요소가 되었고, 그것에 따라 생존여부가 좌우된다고 해도 과언이 아니다. 고객은 더 많은 것을 요구하고, 날로 늘어나는 피부관리실의 숫자에 고객은 많은 선택의 기회가 생겼다. 서비스는 곧 매출로 연결되고 이윤 창출의 밑걸음이 된다.

2) 감동 서비스

고객관리에 있어서 중요한 것 중 하나가 감동을 주는 서비스이다. 일단 고객을 맞고 관리를 시작하면 고객과 하나가 된다는 마음을 가져야 한다. 고객의 입장에서 먼저 생각하는 것은 기본이요, 함께 마음 아파하고, 개선할 부분이 있으면 함께 노력해야 한다. 그 입장이 되어서 생각하라. 또한 내가 먼저 희생하는 정신이 필요하다. 한번 고객의 마음이 열리기 시작하면 그 고객은 전문 관리사를 비로소 신뢰하게 된다. 이때 끝까지 책임진다는 각오로 임해야 하겠고 고객의 쓴 소리에도 귀 기울일 줄 아는 전문인이 되어야 한다.

5 소독의 정의

비교적 약한 살균력을 작용시켜 병원미생물이 성장을 저지하거나 파괴함으로써 감염의 위험성을 제거하는 것을 소독이라 한다. 소독은 멸균과 같이 아포까지 사멸시키는 것이 아니라 감염력을 없애는 것이다. 강한 살균력을 작용시켜 높은 내성을 나타내는 세균의 아포를 포함한 모든 병원성 및 비병원성미생물 모두를 사멸시키거나 또는 제거하는 것을 멸균이라 한다. 또한 병원성 미생물의 발육과 생활 작용을 저지하거나 정지시켜서 음식물의 부패나 발효를 방지하는 것을 방부라 한다.

1) 소독제의 조건

① 높은 살균효과가 있어야 한다.
② 안정성이 있어야 한다.
③ 용해성이 높아야한다.
④ 부식성과 표백성이 없어야 한다.
⑤ 침투력이 강해야 한다.
⑥ 고등동물 조직에 대한 독성이 낮아야 한다.
⑦ 방취력이 있어야 한다.
⑧ 경제적이고 사용이 간편해야 한다.

2) 소독제의 효과에 영향을 주는 조건

① 농도
② 작용온도
③ pH

6 소독 방법

세균이나 바이러스 또는 기생원충을 형성하고 있는 물질인 단백질 과당 소독의 목적을 이룬다는 것은 병원 미생물을 죽이는 것이므로 많은 소독법과 소독약은 균체의 성분과 결합하거나 균체의 단백질 성분을 변화시켜서 균의 발육이나 번식을 막아 살아갈 수 없게 한다.

1) 소독약의 살균기전

① 균체 단백질의 응고작용
② 산화작용
③ 가수분해작용
④ 삼투압의 변화작용
⑤ 균체 효소계의 침투작용

2) 소독시의 주의 사항

① 소독할 대상에 알맞은 소독약과 소독법을 선택해야 한다.
② 소독할 대상물이 열, 광선, 소독약 등에 충분히 접촉되어야 하고 작용시간을 주어야 한다.
③ 소독작용을 일으키기에 충부한 수분이 주어지도록 한다.
④ 화학적 소독의 경우에는 반드시 정확한 사용농도를 지켜야 한다.
⑤ 소독방법에 따라 적절한 온도와 압력이 유지되어야 한다.
⑥ 약물은 사용할 때마다 새로 제조하여야 하며, 밀폐시켜 냉암소에 보존하도록 한다.

3) 소독 용어

① **용액** : 두 종류 이상의 물질이 고르게 섞여 있는 혼합물이다. 크게는 물질의 상태에 관계없이 서로 다른 물질들이 균일하게 섞여 있으면 용액이라고 할 수 있다. 그러나 일반적으로는 기체, 액체, 고체 상태의 용질이 액체 상태의 용매에 녹아 있는 혼합물을 말한다.
② **용매** : 용질을 녹여 용액을 만드는 물질

③ **용질** : 용매(溶媒)에 용해하여 용액을 만드는 물질

④ **퍼센트(%)** : 백분비라고도 한다. 전체의 수량을 100으로 하여, 생각하는 수량이 그 중 몇이 되는가를 가리키는 수(퍼센트)로 나타낸다. 기호는 %이다.
[계산방법] 용질량 / 용액량 × 100 = %

⑤ **퍼밀리(‰)** : 1,000ml 중에 포함되어 있는 소독약의 양을 가리킨다.
[계산방법] 용질량 / 용액량 × 1,000 = ‰

⑥ **피피엠(ppm)** : 용액량 100만 중에 포함되어 있는 용질량을 뜻한다.
[계산방법] 용질량 / 용액량 × 1,000,000 = ppm

4) 소독의 종류

(1) 자연적 소독법

희석에 의한 소독법, 햇볕에 의한 소독법, 저온에 의한 소독법이 있다.

(2) 물리적 소독법

① **건열에 의한 소독법** : 건열멸균법, 화염멸균법, 소각소독법이 있다.

㉠ 건열멸균법 : 건열멸균기를 이용하여 160 ~ 180℃에서 1~2시간 동안 건열하여 미생물과 아포를 완전히 사멸시키는 방법이다.

㉡ 화염멸균법 : 알코올램트, 분젠램프 등으로 금속류, 도자기류 등을 불꽃 속에서 소독하는 방법이다.

㉢ 소각소독법 : 병원미생물이 오염된 것을 태워버리는 방법으로 모든 방법 중 가장 확실하다.

② **습열에 의한 소독법** : 자비소독법, 고압증기 멸균법, 간헐 멸균법, 저온살균법이 있다.

㉠ 자비소독 : 식기, 의류, 도자기, 금속제품

㉡ 고압증기 멸균법 : 의류, 기구, 고무제품

㉢ 저온살균법 : 우유, 포도주

③ **열을 이용하지 않는 소독법** : 자외선멸균법, 세균여과법, 일광소독법이 있다.

㉠ 자외선 소독법 : 플라스틱 제품, 금속제품, 식기

㉡ 세균 여과법 : 특수 약품, 혈청, 음료수

(3) 화학적 소독법

① **석탄산(페놀)**

석탄산은 냄새와 독성이 강하며, 피부점막에 자극성이 있고 금속을 부식시킨다. 바이러스와 아포에 대해 효력이 약하고, 또한 저온에서 효력이 약하다. 살균력이 안정되고 단백질을 응고시키지 않으므로 객담, 토사물에도 사용이 적합하고 유기물에도 소독력이 약화되지 않는다. 1~5%의 수용액을 사용하며, 염산을 가하면 소독효과가 상승한다. 석탄산 3%에 물 97%를 혼합하여 10분 이상 소독하지 않도록 한다.

② **알코올**

알코올은 에탄올과 이소프로판올이 대표적이다. 피부에는 70%의 에탄올을 사용하며 주로 주사할 때 피부소독이나, 손, 칼, 가위 등의 소독에 적당하다.

③ **크레졸**

변질성이 없으므로 보관이 용이하고, 소독력이 강해서 석탄산보다 2배 높은 살균력을 지녔으며 세균소독에 효과가 크고 유기물에도 소독효과가 약화되지 않는다. 크레졸 비누액 3%에 물 97%를 사용하며, 피부에 자극성이 적어 피부, 오물, 객담 등에 사용한다.

④ **포르말린**

아포에 대해 소독력이 강하고 온도에 민감하여 온도가 높을때 소독력이 강해진다. 배설물의 소독에는 적합하지 않고 포르말린 1%에 물 34%에서 10분 이상 담근다.

⑤ **승홍수**

백색의 분말로 용해가 잘 안되어 온수로 녹여 사용한다. 여러 가지 균에 효과적이며, 소량으로도 살균력이 강하다. 냄새가 없고 값이 저렴하다. 단점으로는 금속을 부식시켜 금속소독에는 적당하지 않다.

⑥ **과산화 수소**

무색투명하여 거의 냄새가 없고 정균효과가 있으며 구내염, 인후염, 입안세척, 상처 등의 소독에 주로 사용된다.

⑦ **포름알데히드**

메틸알코올을 산화하여 만든 자극성이 강한 프로말린 가스체이며 물에 용해가 잘되고, 낮은 온도에서도 살균작용을 한다. 자극성이 강해 점막작극이 심하므로 사용시 주의하여야 한다. 차 내부, 실내, 서적, 가구내무에 많이 사용된다.

⑧ **생석회**

알칼리성으로 살균작용은 균체 단백질의 변성을 이용한 것으로 화장실이나 하수도 등 넓은 장소의 대량소독에 이용된다. 값이 싸고 독성이 적다. 생석회는 분뇨, 쓰레기, 하수도, 개천, 습한 장소에 많이 사용한다. 단점은 직물을 부식시키고 건조한 상태에서는 소독효과가 없고 결핵균, 아포형성균에는 약하다.

⑨ **염소제**

균체의 염소가 직접 결합하거나 산화하여 효력을 발생한다. 살균과 동시에 방부, 방취, 표백작용을 하나 염소 자체의 냄새가 난다. 오래보존하면 변질이 되고 결핵균에는 살균력이 약하다.

직무능력평가서

과 목 :

학 번 :

이 름 :

직무수행능력평가 1차

담당교수		교과목명	피부미용분석
학 번		능력단위명 (능력단위코드)	피부미용 피부분석 1201010202_14v2
이 름			
평가일자			

영역 (능력단위요소)	평가내용(수행준거)	평가구분		판정	
		과정평가	결과평가	Y	N
클렌징 하기 (1201010202_14v2.01)	1.1. 피부유형별 상태에 따라 클렌징 방법과 제품을 선택할 수 있다.				
	1.2. 눈, 입술 순서로 포인트 메이크업을 클렌징할 수 있다.				
	1.3. 피부유형에 맞는 제품과 테크닉으로 클렌징을 적용할 수 있다.				
	1.4. 온습포 또는 경우에 따라 냉습포로 닦아내고 토닉으로 정리할 수 있다.				
피부상태 분석 평가하기 (1201010202_14v2.02)	2.1. 고객정보 결과에 따른 피부부위와 상태를 파악할 수 있다.				
	2.2. 피부 문진, 견진, 촉진을 통해 피부의 탄력감이나 매끄러운 정도, 조직의 두께, 유분함량, 수분보유량, 각질화 상태 등을 파악할 수 있다.				
	2.3. 이마와 목에 스파출라로 그어서 민감성 여부를 파악할 수 있다.				
	2.4. 관련 피부미용기구를 사용하여 피부상태를 파악할 수 있다.				
	2.5. 파악 결과에 따라 평가하고 유형별로 구분할 수 있다.				

영역 (능력단위요소)	평가내용(수행준거)	평가구분		판정	
		과정 평가	결과 평가	Y	N
피부관리계획 작성하기 (1201010202_ 14v2.03)	3.1. 고객의 피부상태에 따라 유형별 피부관리계획을 작성할 수 있다.				
	3.2. 피부관리계획에 따라 적합한 피부관리 제품을 결정할 수 있다.				
	3.3. 고객의 상품선택을 위하여 피부관리 상품을 설명하고 추천할 수 있다.				
소계	%			점	

영역 (능력단위요소)	평가내용(K/S/A/T 포함 자율평가)	평가점수
합 계	%	점

직무수행능력평가 2차

담당교수		교과목명	피부미용분석
학 번		능력단위명 (능력단위코드)	피부미용 피부분석 1201010202_14v2
이 름			
평가일자			

영역 (능력단위요소)	평가내용(수행준거)	평가구분		판정	
		과정 평가	결과 평가	Y	N
클렌징 하기 (1201010202_ 14v2.01)	1.1. 피부유형별 상태에 따라 클렌징 방법과 제품을 선택할 수 있다.				
	1.2. 눈, 입술 순서로 포인트 메이크업을 클렌징할 수 있다.				
	1.3. 피부유형에 맞는 제품과 테크닉으로 클렌징을 적용할 수 있다.				
	1.4. 온습포 또는 경우에 따라 냉습포로 닦아내고 토닉으로 정리할 수 있다.				
피부상태 분석 평가하기 (1201010202_ 14v2.02)	2.1. 고객정보 결과에 따른 피부부위와 상태를 파악할 수 있다.				
	2.2. 피부 문진, 견진, 촉진을 통해 피부의 탄력감이나 매끄러운 정도, 조직의 두께, 유분함량, 수분보유량, 각질화 상태 등을 파악할 수 있다.				
	2.3. 이마와 목에 스파츌라로 그어서 민감성 여부를 파악할 수 있다.				
	2.4. 관련 피부미용기구를 사용하여 피부상태를 파악할 수 있다.				
	2.5. 파악 결과에 따라 평가하고 유형별로 구분할 수 있다.				

<table>
<tr><th rowspan="2">영역
(능력단위요소)</th><th rowspan="2">평가내용(수행준거)</th><th colspan="2">평가구분</th><th colspan="2">판정</th></tr>
<tr><th>과정
평가</th><th>결과
평가</th><th>Y</th><th>N</th></tr>
<tr><td rowspan="3">피부관리계획
작성하기
(1201010202_
14v2.03)</td><td>3.1. 고객의 피부상태에 따라 유형별 피부관리계획을 작성할 수 있다.</td><td></td><td></td><td></td><td></td></tr>
<tr><td>3.2. 피부관리계획에 따라 적합한 피부관리 제품을 결정할 수 있다.</td><td></td><td></td><td></td><td></td></tr>
<tr><td>3.3. 고객의 상품선택을 위하여 피부관리 상품을 설명하고 추천할 수 있다.</td><td></td><td></td><td></td><td></td></tr>
<tr><td>소계</td><td colspan="3">%</td><td colspan="2">점</td></tr>
</table>

영역 (능력단위요소)	평가내용(K/S/A/T 포함 자율평가)	평가점수
합 계	%	점

직무수행능력평가 (　　)차

담당교수		교과목명	
학 번		능력단위명 (능력단위코드)	
이 름			
평가일자			

<table>
<tr><th rowspan="2">영역
(능력단위요소)</th><th rowspan="2">평가내용(수행준거)</th><th colspan="2">평가구분</th><th colspan="2">판정</th></tr>
<tr><th>과정
평가</th><th>결과
평가</th><th>Y</th><th>N</th></tr>
<tr><td rowspan="4"></td><td></td><td></td><td></td><td></td><td></td></tr>
<tr><td></td><td></td><td></td><td></td><td></td></tr>
<tr><td></td><td></td><td></td><td></td><td></td></tr>
<tr><td></td><td></td><td></td><td></td><td></td></tr>
<tr><td rowspan="5"></td><td></td><td></td><td></td><td></td><td></td></tr>
<tr><td></td><td></td><td></td><td></td><td></td></tr>
<tr><td></td><td></td><td></td><td></td><td></td></tr>
<tr><td></td><td></td><td></td><td></td><td></td></tr>
<tr><td></td><td></td><td></td><td></td><td></td></tr>
<tr><td>소계</td><td colspan="3">%</td><td colspan="2">점</td></tr>
<tr><th>영역
(능력단위요소)</th><th colspan="3">평가내용(K/S/A/T 포함 자율평가)</th><th colspan="2">평가점수</th></tr>
<tr><td></td><td colspan="3"></td><td colspan="2"></td></tr>
<tr><td></td><td colspan="3"></td><td colspan="2"></td></tr>
<tr><td></td><td colspan="3"></td><td colspan="2"></td></tr>
<tr><td>합 계</td><td colspan="3">%</td><td colspan="2">점</td></tr>
</table>

평가결과서

담당교수		교과목명	
학 번			
이 름		능력단위명 (능력단위코드)	
평가일자			

종합 평가 점수	구 분	배점	점 수	환산점수	비 고
	출석평가				
	직무능력평가 1차				
	직무능력평가 2차				
	직무능력평가 3차				
	재평가 지침				
	합 계				

성취수준 판정					
판정결과	성취수준		성취결과		
종합의견					

판정기준	성취수준	수행정도	평가점수 (예시)
	5	해당 지식과 기술을 확실하게 습득하여 직무수행에 필요한 기술적 사고력과 문제 해결력을 토대로 주도적으로 완벽한 작업을 수행 할 수 있다.	90 ~ 100
	4	해당 지식과 기술을 습득하여 직무수행에 필요한 기술적 사고력과 문제 해결력을 토대로 작업을 수행할 수 있다.	80 ~ 90
	3	해당 지식과 기술을 대부분 습득하여 직무수행에 필요한 지식과 기술을 가지고 대부분의 작업을 수행할 수 있다.	70 ~ 79
	2	해당 지식과 기술을 부분적으로 습득하여 직무수행에 필요한 지식과 기술을 가지고 타인과 공동으로 작업을 수행할 수 있다.	60 ~ 69
	1	해당 지식과 기술을 습득하는데 부족함이 있어 타인의 도움을 받아야만 작업을 수행할 수 있다.	59 이하

평가기준표

과 목 :

학 번 :

이 름 :

작업장 평가기준표(직무수행능력평가 1차)

평가일시	201 년 월 일	학과 :	학번 :	성명 :
교과목	피부미용분석		평가자	(인)
능력단위명	피부미용 피부분석(1201010202)			
능력단위 요소	클렌징하기(1201010202_01) 피부상태 분석평가하기(1201010202_02) 피부관리계획 작성하기(1201010202_03)			

※ 성취수준은 능력단위요소 별로 평가함.

성취수준	수행정도	평가점수
5	해당 지식과 기술을 확실하게 습득하여 직무수행에 필요한 기술적 사고력과 문제 해결력을 토대로 주도적으로 완벽한 작업을 수행할 수 있다.	100%
4	해당 지식과 기술을 습득하여 직무수행에 필요한 기술적 사고력과 문제 해결력을 토대로 작업을 수행할 수 있다.	90%
3	해당 지식과 기술을 대부분 습득하여 직무수행에 필요한 지식과 기술을 가지고 대부분의 작업을 수행할 수 있다.	80%
2	해당 지식과 기술을 부분적으로 습득하여 직무 수행에 필요한 지식과 기술을 가지고 타인과 공동으로 작업을 수행할 수 있다.	70%
1	해당 지식과 기술을 습득하는데 부족함이 있어 타인의 도움을 받아야만 작업을 수행할 수 있다.	60%

평가 기준		배점	교수자 평가		
			성취 수준	배점 환산	점수 환산
클렌징하기 (1201010202_01)	1.1. 피부유형별 상태에 따라 클렌징 방법과 제품을 선택할 수 있다.	3			
	1.2. 눈, 입술 순서로 포인트 메이크업을 클렌징 할 수 있다.	3			
	1.3. 피부유형에 맞는 제품과 테크닉으로 클렌징을 적용할 수 있다.	5			
	1.4. 온습포 또는 경우에 따라 냉습포로 닦아내고 토닉으로 정리할 수 있다.	3			

평가 기준		배점	교수자 평가		
			성취 수준	배점 환산	점수 환산
피부상태 분석평가하기 (1201010202_02)	2.1. 고객정보 결과에 따른 피부부위와 상태를 파악할 수 있다.	3			
	2.2. 피부 문진, 견진, 촉진을 통해 피부의 탄력감이나 매끄러운 정도, 조직의 두께, 유분함량, 수분보유량, 각질화 상태 등을 파악할 수 있다.	3			
	2.3. 이마와 목에 스파츌라로 그어서 민감성 여부를 파악할 수 있다.	3			
	2.4. 관련 피부미용기구를 사용하여 피부상태를 파악할 수 있다.	3			
	2.5. 파악 결과에 따라 평가하고 유형별로 구분할 수 있다.	4			

작업 준비	작업 과정

작업장 평가기준표(직무수행능력평가 2차)

평가일시	201 년 월 일	학과 :	학번 :	성명 :
교과목	피부미용분석	평가자	(인)	
능력단위명	피부미용 피부분석(1201010202)			
능력단위 요소	클렌징하기(1201010202_01) 피부상태 분석평가하기(1201010202_02) 피부관리계획 작성하기(1201010202_03)			

※ 성취(평가) 기준 : 성취수준에 맞는 평가점수를 배점과 환산하여 평가점수 도출

성취수준	수행정도	평가점수
5	해당 지식과 기술을 확실하게 습득하여 직무수행에 필요한 기술적 사고력과 문제 해결력을 토대로 주도적으로 완벽한 작업을 수행할 수 있다.	100%
4	해당 지식과 기술을 습득하여 직무수행에 필요한 기술적 사고력과 문제 해결력을 토대로 작업을 수행할 수 있다.	90%
3	해당 지식과 기술을 대부분 습득하여 직무수행에 필요한 지식과 기술을 가지고 대부분의 작업을 수행할 수 있다.	80%
2	해당 지식과 기술을 부분적으로 습득하여 직무 수행에 필요한 지식과 기술을 가지고 타인과 공동으로 작업을 수행할 수 있다.	70%
1	해당 지식과 기술을 습득하는데 부족함이 있어 타인의 도움을 받아야만 작업을 수행할 수 있다.	60%

평가 기준		배점	교수자 평가		
			성취 수준	배점 환산	점수 환산
피부관리계획 작성하기 (1201010202_03)	3.1 고객의 피부상태에 따라 유형별 피부관리 계획을 작성할 수 있다.	10			
	3.2 피부관리계획에 따라 적합한 피부관리 제품을 결정할 수 있다.	10			
	3.3 고객의 상품선택을 위하여 피부관리 상품을 설명하고 추천할 수 있다.	10			

작업 준비	작업 과정

포트폴리오 평가기준표(직무수행능력평가 3차)

평가일시	201 년 월 일	학과 : 과	
교과목	피부미용분석	평가자	(인)
능력단위명	피부미용 피부분석(1201010202)		
능력단위 요소명	클렌징하기(1201010202_01) 피부상태 분석평가하기(1201010202_02) 피부관리계획 작성하기(1201010202_03)		

① 성취기준 ※ 성취수준은 능력단위요소 별로 평가함.

성취수준	수행정도	평가점수
5	해당 지식과 기술을 확실하게 습득하여 직무수행에 필요한 기술적 사고력과 문제 해결력을 토대로 주도적으로 완벽한 작업을 수행할 수 있다.	100%
4	해당 지식과 기술을 습득하여 직무수행에 필요한 기술적 사고력과 문제 해결력을 토대로 작업을 수행할 수 있다.	90%
3	해당 지식과 기술을 대부분 습득하여 직무수행에 필요한 지식과 기술을 가지고 대부분의 작업을 수행할 수 있다.	80%
2	해당 지식과 기술을 부분적으로 습득하여 직무 수행에 필요한 지식과 기술을 가지고 타인과 공동으로 작업을 수행할 수 있다.	70%
1	해당 지식과 기술을 습득하는데 부족함이 있어 타인의 도움을 받아야만 작업을 수행할 수 있다.	60%

② 구분	③ 평 가 내 용	교수 평가		
		배점	④ 성취 수준	⑤ 배점 환산
클렌징하기 (1201010202_01)	1.1. 피부유형별 상태에 따라 클렌징 방법과 제품을 선택할 수 있다.	1		
	1.2. 눈, 입술 순서로 포인트 메이크업을 클렌징 할 수 있다.	1		
	1.3. 피부유형에 맞는 제품과 테크닉으로 클렌징을 적용할 수 있다.	1		
	1.4. 온습포 또는 경우에 따라 냉습포로 닦아내고 토닉으로 정리할 수 있다.	1		

② 구분	③ 평 가 내 용	교수 평가		
		배점	④ 성취 수준	⑤ 배점 환산
피부상태 분석평가하기 (1201010202_02)	2.1. 고객정보 결과에 따른 피부부위와 상태를 파악할 수 있다.	2		
	2.2. 피부 문진, 견진, 촉진을 통해 피부의 탄력감이나 매끄러운 정도, 조직의 두께, 유분함량, 수분보유량, 각질화 상태 등을 파악할 수 있다.	2		
	2.3. 이마와 목에 스파출라로 그어서 민감성 여부를 파악할 수 있다.	2		
	2.4. 관련 피부미용기구를 사용하여 피부상태를 파악할 수 있다.	2		
	2.5. 파악 결과에 따라 평가하고 유형별로 구분할 수 있다.	2		
피부관리계획 작성하기 (1201010202_03)	3.1. 고객의 피부상태에 따라 유형별 피부관리계획을 작성할 수 있다.	2		
	3.2. 피부관리계획에 따라 적합한 피부관리 제품을 결정할 수 있다.	2		
	3.3. 고객의 상품선택을 위하여 피부관리 상품을 설명하고 추천할 수 있다.	2		
계		20		
교수자 평가의견				
⑥				

포트폴리오
Portfolio

과 목 :

학번 :

이름 :

학습 1. 클렌징하기(1201010202_01)

능력단위	능력단위요소	수행준거
피부미용 피부분석 (1201010202)	클렌징하기 (1201010202_01)	1.1. 피부유형별 상태에 따라 클렌징 방법과 제품을 선택할 수 있다.
		1.2. 눈, 입술 순서로 포인트 메이크업을 클렌징 할 수 있다.
		1.3. 피부유형에 맞는 제품과 테크닉으로 클렌징을 적용할 수 있다.
		1.4. 온습포 또는 경우에 따라 냉습포로 닦아내고 토닉으로 정리할 수 있다.

클렌징테크닉 실습 동작그리기			
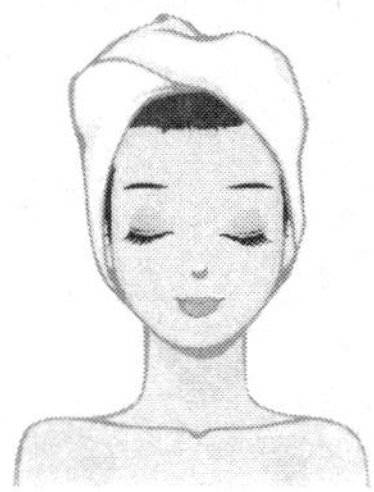		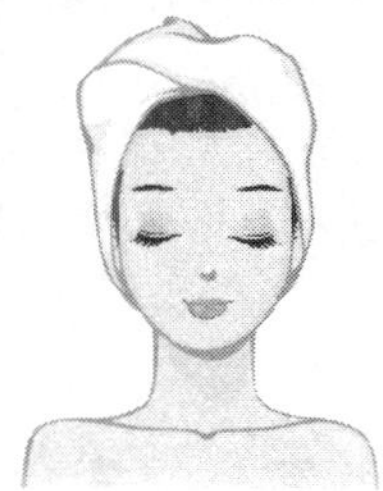	

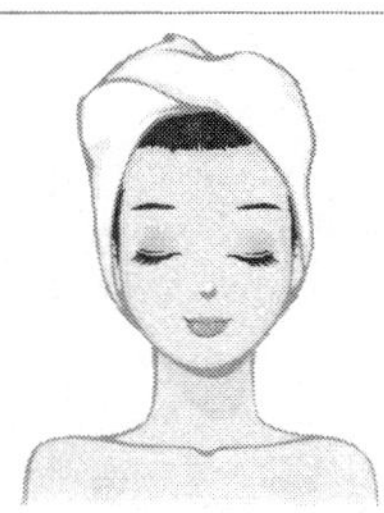	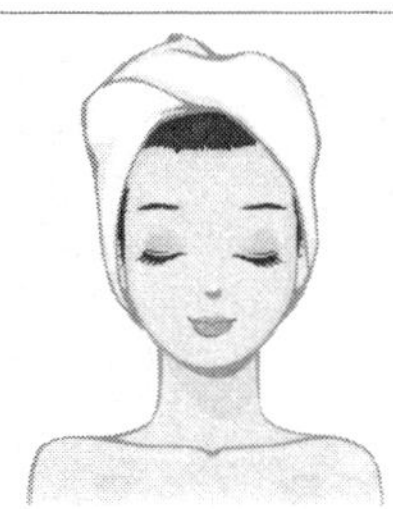		

클렌징테크닉 실습 동작그리기			

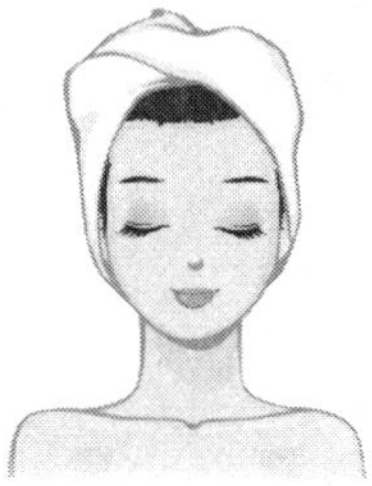			
		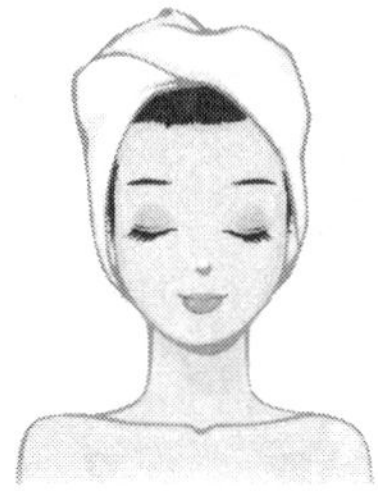	

클렌징테크닉 실습 동작그리기

			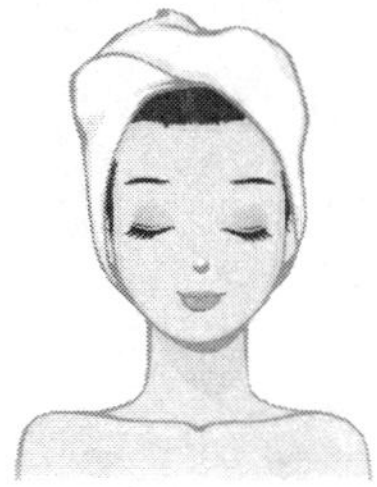

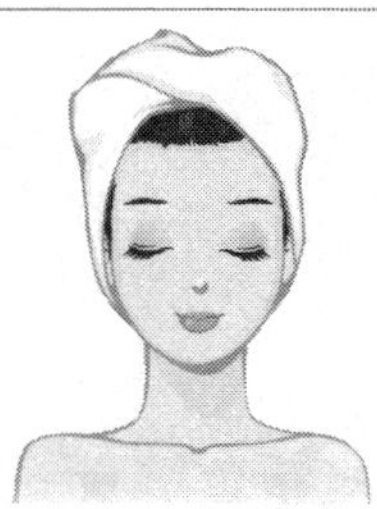			

클렌징테크닉 실습 동작그리기

		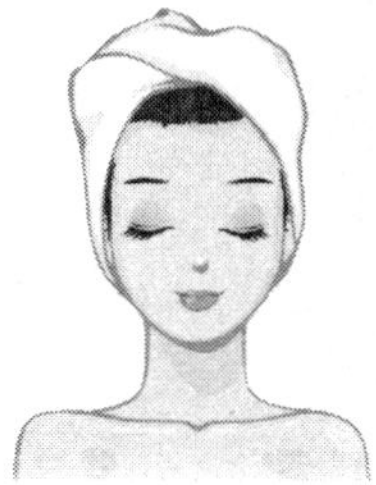	

학습 2. 피부상태 분석 평가하기(1201010202_02)

능력단위	능력단위요소	수행준거
피부미용 피부분석 (1201010202)	피부상태 분석평가하기 (1201010202_02)	2.1. 고객정보 결과에 따른 피부부위와 상태를 파악할 수 있다.
		2.2. 피부 문진, 견진, 촉진을 통해 피부의 탄력감이나 매끄러운 정도, 조직의 두께, 유분함량, 수분보유량, 각질화 상태 등을 파악할 수 있다.
		2.3. 이마와 목에 스파츌라로 그어서 민감성 여부를 파악할 수 있다.
		2.4. 관련 피부미용기구를 사용하여 피부상태를 파악할 수 있다.
		2.5. 파악 결과에 따라 평가하고 유형별로 구분할 수 있다.

피부분석카드

고객명		연락처		성별	
생년월일	(양력/음력)	주소			
직업		e-mail		결혼유무	

병력과 부적응증

• 심장병 □ • 고혈압 □ • 당뇨 □ • 임신 □	• 갑상선 □ • 간질 □ • 알러지 □ • 수술여부 □	• 화장품 부작용 □ • 금속판/핀 □ • 현재 복용중인 약 □ • 기타 □

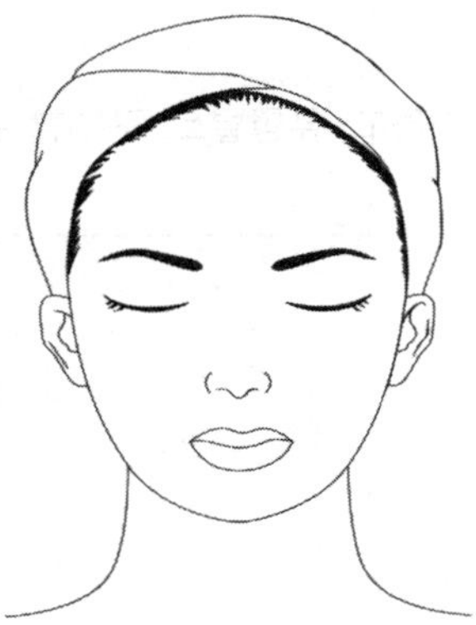

피부 상태를 옆 그림에 항목별로 표시

면포(블랙헤드)		면포(화이트 헤드)	
구진		흉터	
농포		켈로이드	
기미·주근깨 (색소침착)		색소결핍(백반증)	
모세혈관확장			
잠			
섬유종(쥐젖)		기타(　　　)	

기타

<table>
<tr><th colspan="6">피부분석카드</th></tr>
<tr><td>고객명</td><td></td><td>연락처</td><td></td><td>성별</td><td></td></tr>
<tr><td>생년월일</td><td>(양력/음력)</td><td>주소</td><td colspan="3"></td></tr>
<tr><td>직업</td><td></td><td>e-mail</td><td></td><td>결혼유무</td><td></td></tr>
<tr><td colspan="6">병력과 부적응증</td></tr>
<tr><td colspan="2">• 심장병 □
• 고혈압 □
• 당뇨 □
• 임신 □</td><td colspan="2">• 갑상선 □
• 간질 □
• 알러지 □
• 수술여부 □</td><td colspan="2">• 화장품 부작용 □
• 금속판/핀 □
• 현재 복용중인 약 □
• 기타 □</td></tr>
<tr><td colspan="2" rowspan="9">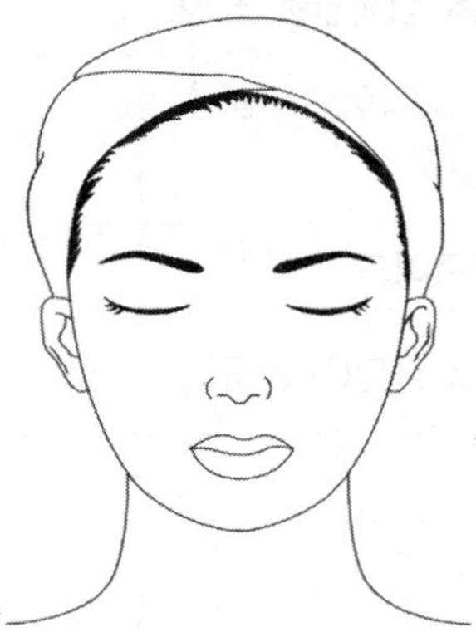</td><td colspan="4">피부 상태를 옆 그림에 항목별로 표시</td></tr>
<tr><td>면포(블랙헤드)</td><td></td><td>면포(화이트 헤드)</td><td></td></tr>
<tr><td>구진</td><td></td><td>흉터</td><td></td></tr>
<tr><td>농포</td><td></td><td>켈로이드</td><td></td></tr>
<tr><td>기미·주근깨
(색소침착)</td><td></td><td>색소결핍(백반증)</td><td></td></tr>
<tr><td>모세혈관확장</td><td></td><td></td><td></td></tr>
<tr><td>잠</td><td></td><td></td><td></td></tr>
<tr><td>섬유종(쥐젖)</td><td></td><td>기타(　　　)</td><td></td></tr>
<tr></tr>
<tr><td colspan="6">기타</td></tr>
<tr><td colspan="6"></td></tr>
</table>

피부분석카드

고객명		연락처		성별	
생년월일	(양력/음력)	주소			
직업		e-mail		결혼유무	

병력과 부적응증

• 심장병 □ • 고혈압 □ • 당뇨 □ • 임신 □	• 갑상선 □ • 간질 □ • 알러지 □ • 수술여부 □	• 화장품 부작용 □ • 금속판/핀 □ • 현재 복용중인 약 □ • 기타 □

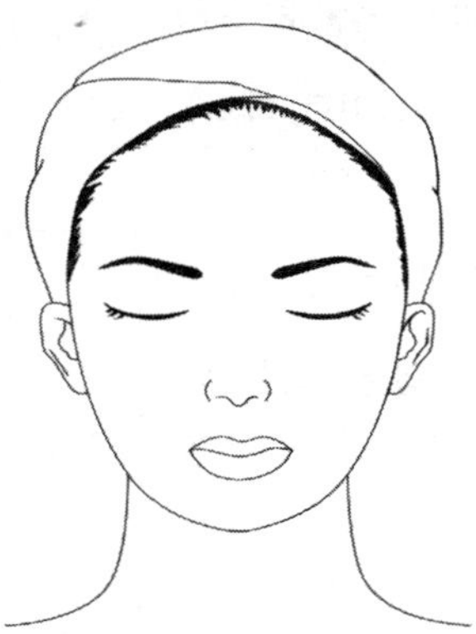

피부 상태를 옆 그림에 항목별로 표시

면포(블랙헤드)		면포(화이트 헤드)	
구진		흉터	
농포		켈로이드	
기미·주근깨 (색소침착)		색소결핍(백반증)	
모세혈관확장			
잠			
섬유종(쥐젖)		기타(　　　)	

기타

피부분석카드

고객명		연락처		성별	
생년월일	(양력/음력)	주소			
직업		e-mail		결혼유무	

병력과 부적응증

• 심장병 □ • 고혈압 □ • 당뇨 □ • 임신 □	• 갑상선 □ • 간질 □ • 알러지 □ • 수술여부 □	• 화장품 부작용 □ • 금속판/핀 □ • 현재 복용중인 약 □ • 기타 □

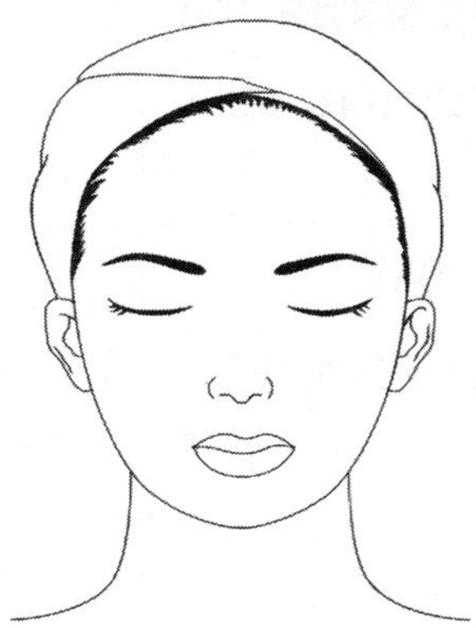

피부 상태를 옆 그림에 항목별로 표시

면포(블랙헤드)		면포(화이트 헤드)	
구진		흉터	
농포		켈로이드	
기미·주근깨 (색소침착)		색소결핍(백반증)	
모세혈관확장			
잠			
섬유종(쥐젖)		기타(　　　)	

기타

피부분석카드

고객명		연락처		성별	
생년월일	(양력/음력)	주소			
직업		e-mail		결혼유무	

병력과 부적응증

• 심장병 □	• 갑상선 □	• 화장품 부작용 □
• 고혈압 □	• 간질 □	• 금속판/핀 □
• 당뇨 □	• 알러지 □	• 현재 복용중인 약 □
• 임신 □	• 수술여부 □	• 기타 □

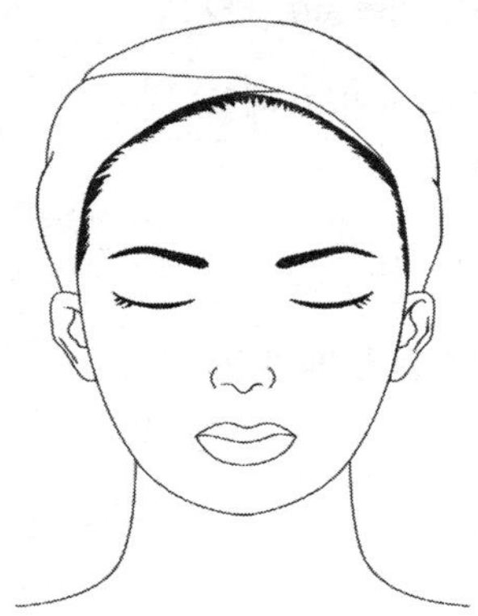

피부 상태를 옆 그림에 항목별로 표시

면포(블랙헤드)		면포(화이트 헤드)	
구진		흉터	
농포		켈로이드	
기미·주근깨 (색소침착)		색소결핍(백반증)	
모세혈관확장			
잠			
섬유종(쥐젖)		기타(　　　)	

기타

피부분석카드

고객명		연락처		성별	
생년월일	(양력/음력)	주소			
직업		e-mail		결혼유무	

병력과 부적응증

• 심장병 □ • 고혈압 □ • 당뇨 □ • 임신 □	• 갑상선 □ • 간질 □ • 알러지 □ • 수술여부 □	• 화장품 부작용 □ • 금속판/핀 □ • 현재 복용중인 약 □ • 기타 □

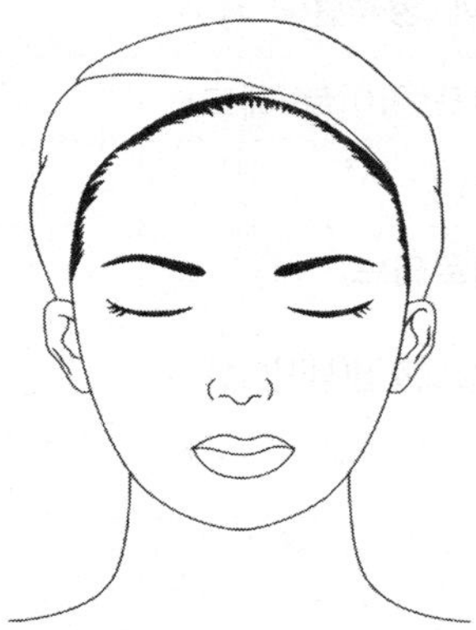

피부 상태를 옆 그림에 항목별로 표시

면포(블랙헤드)		면포(화이트 헤드)	
구진		흉터	
농포		켈로이드	
기미·주근깨 (색소침착)		색소결핍(백반증)	
모세혈관확장			
잠			
섬유종(쥐젖)		기타(　　　)	

기타

피부분석카드

고객명		연락처		성별	
생년월일	(양력/음력)	주소			
직업		e-mail		결혼유무	

병력과 부적응증

• 심장병 □	• 갑상선 □	• 화장품 부작용 □
• 고혈압 □	• 간질 □	• 금속판/핀 □
• 당뇨 □	• 알러지 □	• 현재 복용중인 약 □
• 임신 □	• 수술여부 □	• 기타 □

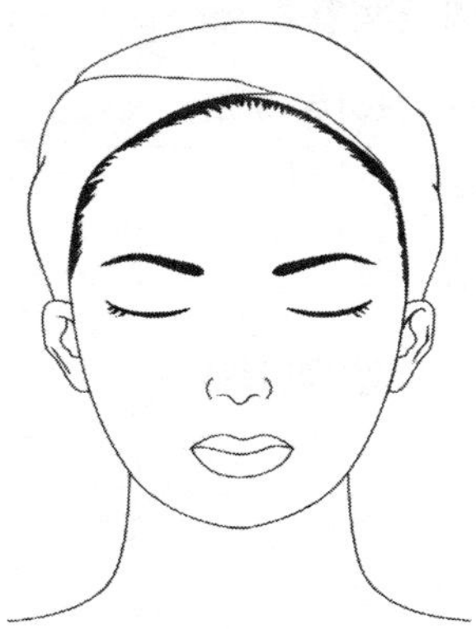

피부 상태를 옆 그림에 항목별로 표시

면포(블랙헤드)		면포(화이트 헤드)	
구진		흉터	
농포		켈로이드	
기미·주근깨 (색소침착)		색소결핍(백반증)	
모세혈관확장			
잠			
섬유종(쥐젖)		기타( )	

기타

피부분석카드

고객명		연락처		성별	
생년월일	(양력/음력)	주소			
직업		e-mail		결혼유무	

병력과 부적응증		
• 심장병 □ • 고혈압 □ • 당뇨 □ • 임신 □	• 갑상선 □ • 간질 □ • 알러지 □ • 수술여부 □	• 화장품 부작용 □ • 금속판/핀 □ • 현재 복용중인 약 □ • 기타 □

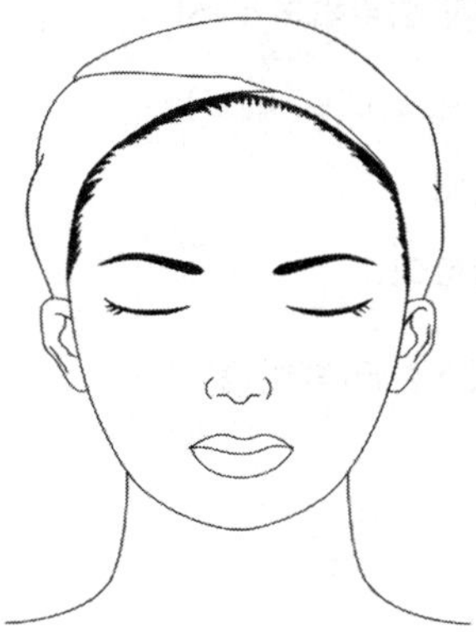

피부 상태를 옆 그림에 항목별로 표시			
면포(블랙헤드)		면포(화이트 헤드)	
구진		흉터	
농포		켈로이드	
기미·주근깨 (색소침착)		색소결핍(백반증)	
모세혈관확장			
잠			
섬유종(쥐젖)		기타( )	

기타

피부분석카드

고객명		연락처		성별	
생년월일	(양력/음력)	주소			
직업		e-mail		결혼유무	

병력과 부적응증

• 심장병 □ • 고혈압 □ • 당뇨 □ • 임신 □	• 갑상선 □ • 간질 □ • 알러지 □ • 수술여부 □	• 화장품 부작용 □ • 금속판/핀 □ • 현재 복용중인 약 □ • 기타 □

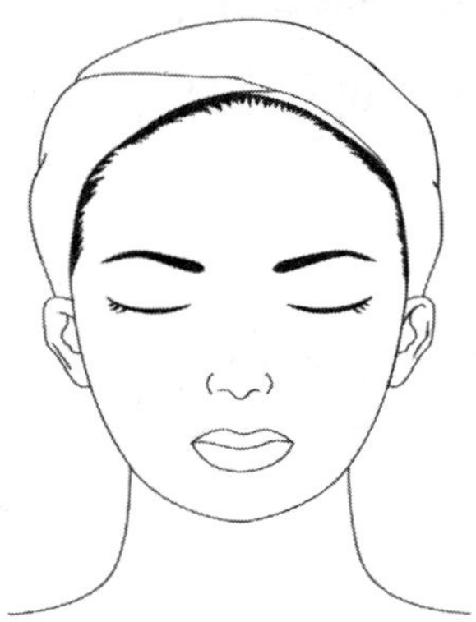

피부 상태를 옆 그림에 항목별로 표시

면포(블랙헤드)		면포(화이트 헤드)	
구진		흉터	
농포		켈로이드	
기미·주근깨 (색소침착)		색소결핍(백반증)	
모세혈관확장			
잠			
섬유종(쥐젖)		기타(　　　)	

기타

피부분석카드

고객명		연락처		성별	
생년월일	(양력/음력)	주소			
직업		e-mail		결혼유무	

병력과 부적응증

• 심장병 □ • 고혈압 □ • 당뇨 □ • 임신 □	• 갑상선 □ • 간질 □ • 알러지 □ • 수술여부 □	• 화장품 부작용 □ • 금속판/핀 □ • 현재 복용중인 약 □ • 기타 □

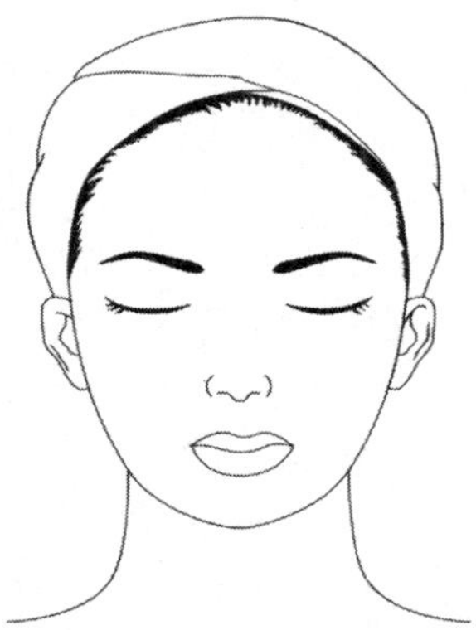

피부 상태를 옆 그림에 항목별로 표시

면포(블랙헤드)		면포(화이트 헤드)	
구진		흉터	
농포		켈로이드	
기미·주근깨 (색소침착)		색소결핍(백반증)	
모세혈관확장			
잠			
섬유종(쥐젖)		기타(　　　)	

기타

학습 3. 피부관리계획 작성하기(1201010202_03)

능력단위	능력단위요소	수행준거
피부미용 피부분석 (1201010202)	피부관리계획 작성하기 (1201010202_03)	3.1 고객의 피부상태에 따라 유형별 피부관리 계획을 작성할 수 있다.
		3.2 피부관리계획에 따라 적합한 피부관리 제품을 결정할 수 있다.
		3.3 고객의 상품선택을 위하여 피부관리 상품을 설명하고 추천할 수 있다.

관리계획 차트(Care Plan Chart)		
비번호	형별	시험일자 20 . . .(부)
관리목적 및 기대효과	관리목적	
	기대효과	
클렌징	□ 오일 □ 크림 □ 밀크/로션 □ 젤	
딥클렌징	□ 고마쥐( ) □ 효소( ) □AHA □ 스크럽	
매뉴얼테크닉 제품타입	□ 오일 □ 크림	
손을 이용한 관리형태	□ 일반 □ 림프	
팩	T–존 : □ 건성타입 팩 □ 정상타입 팩 □ 지성타입 팩	
	U–존 : □ 건성타입 팩 □ 정상타입 팩 □ 지성타입 팩	
	목부위 : □ 건성타입 팩 □ 정상타입 팩 □ 지성타입 팩	
마스크	□ 석고 마스크 □ 고무모델링 마스크	
고객관리 계획	1주 :	
	2주 :	
	3주 :	
	4주 :	
자가관리 조언(홈케어)	제품을 사용한 관리 :	
	기타 :	

관리계획 차트(Care Plan Chart)

비번호	형별	시험일자 20 . . .(부)
관리목적 및 기대효과	관리목적	
	기대효과	
클렌징	□ 오일 □ 크림 □ 밀크/로션 □ 젤	
딥클렌징	□ 고마쥐( ) □ 효소( ) □AHA □ 스크럽	
매뉴얼테크닉 제품타입	□ 오일 □ 크림	
손을 이용한 관리형태	□ 일반 □ 림프	
팩	T-존 : □ 건성타입 팩 □ 정상타입 팩 □ 지성타입 팩	
	U-존 : □ 건성타입 팩 □ 정상타입 팩 □ 지성타입 팩	
	목부위 : □ 건성타입 팩 □ 정상타입 팩 □ 지성타입 팩	
마스크	□ 석고 마스크 □ 고무모델링 마스크	
고객관리 계획	1주 :	
	2주 :	
	3주 :	
	4주 :	
자가관리 조언(홈케어)	제품을 사용한 관리 :	
	기타 :	

관리계획 차트(Care Plan Chart)

비번호	형별	시험일자 20 . . .(부)
관리목적 및 기대효과	관리목적	
	기대효과	
클렌징	□ 오일 □ 크림 □ 밀크/로션 □ 젤	
딥클렌징	□ 고마쥐( ) □ 효소( ) □AHA □ 스크럽	
매뉴얼테크닉 제품타입	□ 오일 □ 크림	
손을 이용한 관리형태	□ 일반 □ 림프	
팩	T–존 : □ 건성타입 팩 □ 정상타입 팩 □ 지성타입 팩	
	U–존 : □ 건성타입 팩 □ 정상타입 팩 □ 지성타입 팩	
	목부위 : □ 건성타입 팩 □ 정상타입 팩 □ 지성타입 팩	
마스크	□ 석고 마스크 □ 고무모델링 마스크	
고객관리 계획	1주 :	
	2주 :	
	3주 :	
	4주 :	
자가관리 조언(홈케어)	제품을 사용한 관리 :	
	기타 :	

관리계획 차트(Care Plan Chart)		
비번호	형별	시험일자 20 . . .(부)
관리목적 및 기대효과	관리목적	
	기대효과	
클렌징	□ 오일 □ 크림 □ 밀크/로션 □ 젤	
딥클렌징	□ 고마쥐( ) □ 효소( ) □AHA □ 스크럽	
매뉴얼테크닉 제품타입	□ 오일 □ 크림	
손을 이용한 관리형태	□ 일반 □ 림프	
팩	T-존 : □ 건성타입 팩 □ 정상타입 팩 □ 지성타입 팩	
	U-존 : □ 건성타입 팩 □ 정상타입 팩 □ 지성타입 팩	
	목부위 : □ 건성타입 팩 □ 정상타입 팩 □ 지성타입 팩	
마스크	□ 석고 마스크 □ 고무모델링 마스크	
고객관리 계획	1주 :	
	2주 :	
	3주 :	
	4주 :	
자가관리 조언(홈케어)	제품을 사용한 관리 :	
	기타 :	

관리계획 차트(Care Plan Chart)		
비번호	형별	시험일자 20 . . .(부)
관리목적 및 기대효과	관리목적	
	기대효과	
클렌징	□ 오일 □ 크림 □ 밀크/로션 □ 젤	
딥클렌징	□ 고마쥐( ) □ 효소( ) □AHA □ 스크럽	
매뉴얼테크닉 제품타입	□ 오일 □ 크림	
손을 이용한 관리형태	□ 일반 □ 림프	
팩	T-존 : □ 건성타입 팩 □ 정상타입 팩 □ 지성타입 팩	
	U-존 : □ 건성타입 팩 □ 정상타입 팩 □ 지성타입 팩	
	목부위 : □ 건성타입 팩 □ 정상타입 팩 □ 지성타입 팩	
마스크	□ 석고 마스크 □ 고무모델링 마스크	
고객관리 계획	1주 :	
	2주 :	
	3주 :	
	4주 :	
자가관리 조언(홈케어)	제품을 사용한 관리 :	
	기타 :	

관리계획 차트(Care Plan Chart)

비번호	형별	시험일자 20 . . .(부)
관리목적 및 기대효과	관리목적	
	기대효과	
클렌징	□ 오일 □ 크림 □ 밀크/로션 □ 젤	
딥클렌징	□ 고마쥐( ) □ 효소( ) □AHA □ 스크럽	
매뉴얼테크닉 제품타입	□ 오일 □ 크림	
손을 이용한 관리형태	□ 일반 □ 림프	
팩	T-존 : □ 건성타입 팩 □ 정상타입 팩 □ 지성타입 팩	
	U-존 : □ 건성타입 팩 □ 정상타입 팩 □ 지성타입 팩	
	목부위 : □ 건성타입 팩 □ 정상타입 팩 □ 지성타입 팩	
마스크	□ 석고 마스크 □ 고무모델링 마스크	
고객관리 계획	1주 :	
	2주 :	
	3주 :	
	4주 :	
자가관리 조언(홈케어)	제품을 사용한 관리 :	
	기타 :	

관리계획 차트(Care Plan Chart)		
비번호	형별	시험일자 20 . . .(부)
관리목적 및 기대효과	관리목적	
	기대효과	
클렌징	□ 오일 □ 크림 □ 밀크/로션 □ 젤	
딥클렌징	□ 고마쥐( ) □ 효소( ) □AHA □ 스크럽	
매뉴얼테크닉 제품타입	□ 오일 □ 크림	
손을 이용한 관리형태	□ 일반 □ 림프	
팩	T–존 : □ 건성타입 팩 □ 정상타입 팩 □ 지성타입 팩	
	U–존 : □ 건성타입 팩 □ 정상타입 팩 □ 지성타입 팩	
	목부위 : □ 건성타입 팩 □ 정상타입 팩 □ 지성타입 팩	
마스크	□ 석고 마스크 □ 고무모델링 마스크	
고객관리 계획	1주 :	
	2주 :	
	3주 :	
	4주 :	
자가관리 조언(홈케어)	제품을 사용한 관리 :	
	기타 :	

관리계획 차트(Care Plan Chart)		
비번호	형별	시험일자 20 . . .(부)
관리목적 및 기대효과	관리목적	
	기대효과	
클렌징	□ 오일 □ 크림 □ 밀크/로션 □ 젤	
딥클렌징	□ 고마쥐( ) □ 효소( ) □AHA □ 스크럽	
매뉴얼테크닉 제품타입	□ 오일 □ 크림	
손을 이용한 관리형태	□ 일반 □ 림프	
팩	T-존 : □ 건성타입 팩 □ 정상타입 팩 □ 지성타입 팩	
	U-존 : □ 건성타입 팩 □ 정상타입 팩 □ 지성타입 팩	
	목부위 : □ 건성타입 팩 □ 정상타입 팩 □ 지성타입 팩	
마스크	□ 석고 마스크 □ 고무모델링 마스크	
고객관리 계획	1주 :	
	2주 :	
	3주 :	
	4주 :	
자가관리 조언(홈케어)	제품을 사용한 관리 :	
	기타 :	

관리계획 차트(Care Plan Chart)		
비번호	형별	시험일자 20 . . .(부)
관리목적 및 기대효과	관리목적	
	기대효과	
클렌징	□ 오일 □ 크림 □ 밀크/로션 □ 젤	
딥클렌징	□ 고마쥐( ) □ 효소( ) □AHA □ 스크럽	
매뉴얼테크닉 제품타입	□ 오일 □ 크림	
손을 이용한 관리형태	□ 일반 □ 림프	
팩	T–존 : □ 건성타입 팩 □ 정상타입 팩 □ 지성타입 팩	
	U–존 : □ 건성타입 팩 □ 정상타입 팩 □ 지성타입 팩	
	목부위 : □ 건성타입 팩 □ 정상타입 팩 □ 지성타입 팩	
마스크	□ 석고 마스크 □ 고무모델링 마스크	
고객관리 계획	1주 :	
	2주 :	
	3주 :	
	4주 :	
자가관리 조언(홈케어)	제품을 사용한 관리 :	
	기타 :	

관리계획 차트(Care Plan Chart)		
비번호	형별	시험일자 20 . . .(부)
관리목적 및 기대효과	관리목적	
	기대효과	
클렌징	□ 오일 □ 크림 □ 밀크/로션 □ 젤	
딥클렌징	□ 고마쥐( ) □ 효소( ) □AHA □ 스크럽	
매뉴얼테크닉 제품타입	□ 오일 □ 크림	
손을 이용한 관리형태	□ 일반 □ 림프	
팩	T−존 : □ 건성타입 팩 □ 정상타입 팩 □ 지성타입 팩	
	U−존 : □ 건성타입 팩 □ 정상타입 팩 □ 지성타입 팩	
	목부위 : □ 건성타입 팩 □ 정상타입 팩 □ 지성타입 팩	
마스크	□ 석고 마스크 □ 고무모델링 마스크	
고객관리 계획	1주 :	
	2주 :	
	3주 :	
	4주 :	
자가관리 조언(홈케어)	제품을 사용한 관리 :	
	기타 :	

CHAPTER

09 향상/심화교육 계획서

교과목명				교수명	
학과명		학년-학기		분반	
관련직무명		능력단위명 (능력단위코드)			
일시		시간		장소	
과정					
운영 계획					
개요					
교육대상자					
교육 내용					
평가 방법					

참고문헌

김유정 외 4인. 피부미용학. 구민사. 2014
여주대 ncs센터 지침자료

National Competency Standards **NCS**
http://www.ncs.go.kr

피 부 미 용 직 무 능 력 표 준 학 습 모 듈

기초 **피부미용분석** 실습서

초 판 인 쇄 | 2016년 6월 15일
초 판 발 행 | 2016년 6월 20일
초판 2쇄 발행 | 2022년 8월 31일

저 자 | 김유정 · 김나영
발 행 인 | 조규백
발 행 처 | 도서출판 구민사
(07293)
서울특별시 영등포구 문래북로 116, 604호(문래동3가 46, 트리플렉스)
전 화 | (02) 701-7421(~2)
팩 스 | (02) 3273-9642
홈 페 이 지 | www.kuhminsa.co.kr
신 고 번 호 | 제2012-000055호 (1980년 2월 4일)
I S B N | 979-11-5813-269-9 [13590]
값 | 12,000원